纺织服装高等教育"十三五"部委级规划教材

服装心理学(第二版)

主　编　刘国联　蒋孝锋

副主编　顾韵芬　缪秋菊　陆　鑫

U0377555

东华大学出版社·上海

内 容 提 要

本书介绍了服装心理学的基本概念和基本原理,包括人们的价值观、社会态度、认知、性格、自我意识等(社会心理学基本原理)与人们的服装行为的关系,服装文化、服装流行、社会心理等对人们的服装行为的影响,还介绍了服装的心理治疗原理与方法。本书可作为高等院校服装专业教材,也可以供相关人员参考。

图书在版编目(CIP)数据

服装心理学/刘国联,蒋孝锋主编. —2 版. —上海:东华大学出版社,2018.9
ISBN 978 - 7 - 5669 - 1430 - 9

Ⅰ.服… Ⅱ.刘… Ⅲ.服装—应用心理学—高等学校—教材 Ⅳ.TS941.12

中国版本图书馆 CIP 数据核字(2018)第 145687 号

责任编辑　杜亚玲
封面设计　蒋孝锋

服装心理学(第二版)
FU ZHUANG XIN LI XUE

刘国联　蒋孝锋　主编
东华大学出版社出版
上海市延安西路 1882 号
邮政编码:200051　电话:(021)62193056
新华书店上海发行所发行　上海锦良印刷厂有限公司印刷
开本:787×1092　1/16　印张:12.75　字数:318 千字
2018 年 9 月第 2 版　2021 年 3 月第 2 次印刷
ISBN 978 - 7 - 5669 - 1430 - 9
定价:38.00 元

第二版序言

· ·

十几年前，服装心理学课程陆续出现在国内各院校服装专业的课堂上，当时没有成型的教学内容和受过专门培训的教师，更没有比较合适的教材。在这样的背景下，第一版《服装心理学》教材仓促编写出版，算是填补了当时教材紧缺的空缺。十多年来，这本教材得到了同行的认可并被越来越多的学校使用，发行量很大。因此，我们深受鞭策和鼓舞，从心底里感谢同行对这本不太成熟教材的认可和接纳。

随着课程体系的逐渐成熟和服装心理学研究成果的不断出现，本教材内容已跟不上社会发展的需求，出版社和许多学校向我们提出了修改再版的要求。我们从5年前开始着手修改补充，希望能够不负众望，拿出一本比较系统性的、内容更加完善的教材。在对一版内容进行修改完善的基础上，二版增加了服装文化特性、服装认知、化妆治疗、各年龄层与社会各阶层的服装行为等内容，特别增加了近年来的研究成果，力求二版教材内容能够与时俱进，跟上时代发展的步伐。

再次感谢东华大学出版社编辑对本书多年的关注和支持，再次感谢同行们对本教材提出的修改补充意见和建议。希望第二版教材能够为我们的服装专业教学做出新的贡献。

刘国联　蒋孝锋

2018.5.20

目录

第十章　社会阶层与服装行为

参考文献

第一章 绪 论

• •

　　服装与人类的关系十分密切和重要。从出生到死亡,我们每一天都要和服装打交道,以至于我们认为穿衣服就像口渴时喝水、饥饿时吃饭一样平常,这就使得我们很容易从物质主义价值观去理解服装的意义,比如保暖和御寒的作用。然而,这仅仅是服装对人类表面化的意义,随着人类社会的不断进步,人们的服饰标准已不再完全以物质需要为依据,而是逐渐由物质的需要转向了精神的满足,服饰的选择呈现出个性化、多样化的发展趋势。另外,随着社会化交往活动的深入,作为社会成员,人们特别关心自己在他人眼里的形象,常常用服饰作为非语言性符号,向他人传递一系列的复杂信息,藉以给人留下深刻的印象。这些服饰行为的表现日益成为一个值得关注的社会问题摆在我们的面前。这些问题的背后都蕴涵着心理学的规律。分析和了解这些心理活动,是把握服装设计、生产、销售和使用的关键,人们期待这方面的知识,服装心理学也应运而生。

第一节　服装心理学的性质及研究历史

一、服装心理学的性质

　　人类各种各样的服装行为,其本质之一是心理的反映,研究服装离不开探讨服装社会心理学。社会心理学是一个跨学科的研究领域,它涉及心理学、社会学、文化学、人类学、美学和经济学等诸方面的内容。服装心理学以社会心理学为基础,有其特定的研究对象和内容。服装心理学是研究人类服装行为与心理过程的科学,对研究人类的着装动机和地域文化有着极其重要的作用,因此,它一直受到服装设计师、生产商和销售商的广泛关注,也得到国内外服装研究者的高度重视。

二、服装心理学的研究历史

服装是人类生活的重要组成部分,与人类的发展相伴,可以说服装心理现象从人类开始着装就已经出现了,但是服装心理现象的研究,直到 20 世纪初才逐渐引起学者的兴趣。美国是研究服装心理学较早的国家,早在 20 世纪初,就开始出现了比较零星的服装心理学研究报道。1906 年,弗拉库斯(L. W. Flaccus)在《服装心理学评》一文中,首先调查和分析了着装者对服装和饰品的相关感觉及其对自己的影响。1918 年,心理学家迪尔伯恩(G. V. N Dearborn)在《心理学》一书中,从生理心理学的角度,用较大篇幅介绍了环境、身体及面料对着装者心理的影响。

到 20 世纪 30 年代左右,服装心理学呈现出系统化的研究趋势,从而发展成一门独立的学科,并出现了服装心理学专著。当时比较有代表性的著作是赫洛克(E. B. Hurlock)编写的《服装心理学:时尚及其动机分析》(1929 年)和弗吕格尔(C. J. Flugel)编著的《服装心理学》(1933 年)。前者通过整合哲学家、经济学家、社会学家、心理学家等学者提出的人类着装和装饰行为研究成果,系统地揭示了时尚冲动的原因和特征。当时,哈姆斯(E. Harms)也在《服装心理学》(1938 年)一文中发表了自己的观点,他认为人类装着的动机并非源于环境,而是取决于人类的自身特性,尤其是精神特性。他同时提出,服装除礼仪、装饰和保护功能外,还具备性吸引功能这一崭新的观点,他坚信这一功能是着装的重要动因。因此,20 世纪 30 年代的研究成果为服装心理及行为研究奠定了理论基础。

进入 20 世纪 60 年代,在相关学科发展的带动下,服装研究也进入一个快速的发展时期。美国的许多研究领域,如社会学、心理学、经济学、家政学等都介入了服装心理及行为研究,大量研究成果的取得,使服装社会心理学的学术地位得以确立并保持稳步发展。这一时期的研究主要从社会学、历史学、人类学、美学、文化学以及经济等方面来综合分析和解读人们的着装行为。比如罗奇(M. E. Roach)的《服装、装饰和社会体制》(1965 年)、瑞恩(M. S. Ryan)《服装:人类行为研究》(1966 年)就是这个时期的代表作品。

自 20 世纪 80 年代后期起,美国的服装心理研究进入了爆发式的增长阶段,并进一步向深度和广度两个方向发展。学者们系统地研究了服装对着装者本人的影响,如自尊、帮助行为、慈善行为与着装的关系等;服装对他人行为的影响,如他人的服装在其印象形成、社会知觉、非语言交往、性格特征、人际交流中的作用等。这一时期具有代表性的著作是科德韦尔(J. M. Cordwell)等人的《文化织物:服饰人类学》(1973 年)、罗奇(M. E. Roach)等人的《个人装饰语言》(1979 年)、劳厄(J. C. Laue)等人的《时尚力量:美国社会时尚的意义》(1981 年)、卢里(A. Lurie)等人的《解读服装》(1981 年)、所罗门的(M. R. Solomon)《服装心理学》(1985 年)、斯普罗尔斯(G. B. Sproles)的《时尚行为理论》(1985 年)、戴维斯(F. Davis)的《服装、文化和身份》(1994 年)、凯瑟(S. B. Kaiser)的《服装社会心理学》(1997 年)、丹姆霍斯特(M. L. Damhorst)的

《服装的含义》(1999 年)、马歇尔(S. G. Marshall)等人的《个性化服装选择和外貌》(2000 年)等。

另一个服装心理与行为研究的代表性国家是日本。20 世纪 70 年,日本的学者就开始在服装面料、色彩、款式风格、视觉感知等方面展开了研究。20 世纪 80 年代则进入了服装心理学研究的发展期,神山进编著的《服装心理学》(1985 年)、服装心理学分会编写《服装心理学》(1988 年)和神山进编著的《衣服和装身的心理学》(1990 年)是这一时期日本服装心理学研究成果的总结。进入 20 世纪 90 年代后,日本学者对服装心理进行了更加深入的研究,并结合了现代心理学实验测试技术,获取了大量人类着装心理的本质成因。

我国在 20 世纪 80 年代开设了服装设计专业,陆续引入了服装心理学课程。国内的一些学者在借鉴国外服装心理研究成果的基础上,不断地完善和充实这门课程的内容和体系,并逐渐开展了相关的研究工作,到目前为止,取得了不少的成果。

第二节　服装心理学的研究内容

尽管服装心理学从属于心理学范畴,但由于服装的独特性导致了人类的服装心理与行为的特有性,因此,服装心理学的研究内容有其自身的特点。从人们所处的文化背景来看,由于文化对服装心理与行为有深刻的影响,因此,服装心理学应分析风俗习惯、道德、审美、价值观、宗教信仰、受教育程度等文化因素对服装选择的影响;从个人来看,服装心理学应该研究个体的需要、动机、态度、自我概念、知觉等心理倾向对服装的选择的影响;从个体与群体的关系来看,服装心理学需要研究在群体的生活中,个体受到来自群体及他人对其服装行为的影响。如人际关系、社会角色、相关群体的状况等群体因素对个体的服装行为产生的影响。

第三节　服装心理学的研究意义

通过学习,使个体了解着装的心理和行为动机基础,以增强其服装行为的自主性,减少盲目性。例如,一个女孩去舞厅跳舞,如果要吸引人的眼球,希望引起人们的关注,她可能打扮得花枝招展,与众不同;如果她不想引起别人太多的注意,而又不失传统的女人味,她会一身淑女打扮;如果她压根儿就不在乎别的什么,纯粹去舞厅玩玩,放松一下心情,她觉得根本就用不着装扮自己,穿上平时的服装就去了。学习服装心理学,还可以利用学到的知识,自主地寻找评价线索去解释别人的服装行为。例如,一位身穿内衣的女子,当她出现在 T 型台上、游泳池、卧室、火灾现场、大街上等场合中,给我们的心理感受显然是不同的,我们可以利用情景知识来判断这种着装是否合适。

一、了解服装对着装者本人的影响

服装穿在身上,首先对着装者本人会产生各种影响。因此,通过学习,着装者能自主利用服装心理学的相关理论来解释修饰自己的必要性,完善自己的仪表,改变自己的心态。

1. 依靠服装修饰自己的仪容,增强魅力和信心

俗话说:"三分容貌,七分打扮,"指的是个体人需要依靠服饰显示自己美好的形象。"爱美之心,人皆有之",希望别人赞美自己,几乎是人类的共同心理诉求。通过形象的改变,个体的自尊心则会相应地增强。

2. 利用服装能改变自身的心态

利用服装可以改变着装者的性别化心理,使其形成女性或男性化倾向。对于男性来说,如果长期穿女性化的服装,会使其行为和心态具女性化的倾向。反之,对女性亦然;对于保守、内向的人,通过穿用款式暴露的一些服装,可以逐步形成开放、外向的性格。另外,穿服装还有治愈抑郁心情的效果,其在精神病症临床治疗和恢复中有很多的应用。

3. 通过服装培养人的社会适应性

在现代生活中,服装的社会功能体现得越来越明显,通过合适的穿着打扮,可以让着装者顺利地融入社会生活,学会如何与社会团体或族群中的他人产生互动,以适应人际交往的需要。另外,利用服装,可以促进青少年的健康成长,让他们懂得什么样的打扮才符合社会的期许和价值观。否则,不恰当的着装不但容易与家长和老师产生冲突,而且容易受到他人的歧视,甚至将来误入歧途。

二、学会利用服装影响和暗示他人

服装除对本人产生影响外,对他人的影响也是不容忽视的。通过学习,着装者可以根据服装心理学的相关原理,利用服装和他人产生互动,控制自己在别人心目中的形象。

1. 使用服装给人留下印象

当着装者在与他人短暂接触时,服装就成为形成印象好坏的重要途径。在初次交往过程中,在事先没有任何线索可寻的情况下,别人将怎样判断着装者印象的好坏呢?当然,最直接的方式就是通过外表获取线索进行评估,因此,穿着打扮成为形成印象最重要的线索工具。

2. 利用服装暗示自己的心理活动

服装是表现人类心理活动的一种符号,有时个体在表达自己对某人、某事的态度或情感时,往往通过服饰加以间接暗示的方式似乎更好。如刚刚开始恋爱的情侣,若每次见面时都十分重视着装打扮,就等于向对方发出信息,把自己很在意对方的感情流露了出来。

3. 通过服装向他人发出信息

服装是一种无声的语言,利用这种语言可以传达出着装者的大量信息。

如通过在不同的手指上佩戴戒指，可以告诉别人自己单身、恋爱、已婚；通过裙子、长发等可以让他人明确地知道自己是女性。

三、反映社会及文化特征

服装可以显示一个国家和地区的社会变革、社会制度、经济水准、文化特征、教育状况、民俗、宗教、法律、道德、规范等。也反映社会对个人价值的尊重程度、公民在社会中所处的阶层、妇女在社会中的地位等。

18世纪的法国大革命改变了国家制度，当时贵族成为革命的对象，他们已不再是时装的主宰者，原本穿得花哨的男子自愿把华丽服装的权利转让给家庭中的女性，而自己仅穿着式样简单的服装。从此，放荡花哨的宫廷服装、悬垂的耳环、花边领和丝绒随之销声匿迹，代之以深色的现代装束。从此，男装迅速趋于简单化，任何形式的过分打扮都被认为是缺乏审美能力的表现。

还是法国，19世纪后期的巴黎，由于成品服装的发展，使得穿粗布和带补丁短衫的工人都穿上了整齐的服装。从而使服装的阶层标识功能迅速下降，工人有一种从长期低下境遇中解放出来的感觉，形成了自信、自尊的精神状态，继而注重勤勉美德的培养，形成向上的志向。

从我国近代女装的衣领形状来看，从立领到无领这一款式的小小变化，折射出了封建社会规范的松动和变化。因为在道德禁忌十分严格的旧社会，女性的地位较低，袒胸露背甚至露脖子都不为男权社会所容纳，因此，当时的衣服大多是立领的，而开领和无领的女装只能是现代社会的产物。同样，现代超短裙的出现也是社会对女性道德约束的宽容。

四、在市场经济中的应用

衣、食、住、行是人类生活的最基本的需求，在我国，服装业仍然是最重要的产业。但应该认识到，服装业的竞争越来越激烈，产品生命周期日益缩短，消费者的需求愈趋多样化，因此服装业也是最具风险、最有挑战性的行业。在服装的设计、制造、销售和消费这个产业链中，服装设计者要把握不同层次的消费者的心理需求、审美特色、服装行为的心理规律，使产品准确定位。服装制造商的生产、销售也要以服装消费者对产品的心理需求和关心为出发点来进行组织。消费者的服装审美心理、服装消费走向要靠服装设计者、生产者、销售者来共同引导。因此，服装产业链的各环节都需要心理学知识来指导自己的工作，才能真正作出符合消费者需求的产品计划，以减少盲目性。

第四节　服装心理学的研究方法

心理学以人类心理状态为研究对象，目前按其对心理状态的处理方法不同而形成两种不同的研究方法。其一，从刺激和反应的关系去进行研究。首先通过采用实验对被试者的反应和回答等方式收集资料，然后对检测结果进行因子分析，抽出其共性，则可以对被测者的心理结构进行推测；其二，是深入到思维过程的研究方法。不同的人受同样的刺激所形成的心理感受是不一样的,需要深入分析这种不同的状态和成因。

服装心理学的研究遵循一般心理学研究的基本程序,即(1)提出研究问题;(2)形成假设;(3)制定研究方案;(4)搜集资料;(5)统计处理资料数据;(6)分析结果;(7)作出结论。步骤(1)、(2)是选题过程,其任务是提出假设和考虑选择验证假设的途径和手段。步骤(3)、(4)是制定研究方案,确定自变量、因变量及其操作和记录的方法。(5)、(6)、(7)三个步骤主要是运用逻辑方法、统计方法,对搜集的资料进行处理,对研究中的现象和变化规律作出解释,形成结论。服装心理学的研究沿袭心理学的基本研究方法,主要有以下几种:

1. 观察法

指在日常生活条件下,通过对被试者的服装行为进行观察,了解服装心理活动的方法。

心理观察的主要任务是收集详细、全面的服装行为资料。利用这些资料,并借助于正确的理论思维去整理和加工,得出研究结论。

在服装心理学研究中,观察法主要用于以下两个方面:第一,在无法对研究对象进行改变和控制的情况下,要获得真实的服装心理,须采用观察法;第二,在不允许对研究对象加以干扰的情况下进行研究也须运用这种方法。

观察法的最大优点在于,能保持被观察者的心理表现的自然性和客观性,从而获取较为真实的材料。但也有其缺点:第一,由于心理观察对被观察者不作任何控制,所以获得的材料具有偶然性;第二,观察难以获取量化的精确资料,所用时间长,易受环境条件的制约。

2. 实验法

心理实验法是根据研究课题的要求,利用仪器设备人为地控制与测试研究对象,通过被试者的反映或仪器获得的资料,来揭示服装行为和服用者的心理反应规律以及影响因素。例如人们面对不同的服装颜色刺激,会引起不同的心理活动,虽然这种心理活动是不可视的,但在生理上会出现相应的反应,即在视觉通路的部位产生不同强度的生物电。这种生物电的强度则可以通过仪器测试出来,从而揭示出人们对不同颜色的心理反应。实验法还有如下的分类:

(1) 自然实验法与实验室实验法

"自然实验法"是在日常生活条件下,适当控制条件,结合被试者的工作和生活情境来进行的实验形式。这种方法所获得的心理材料比较真实,也具有一定的实践意义。不足之处在于难以控制实验条件,心理现象难以重复,实验结果有时不够准确、严密,观察时不容易记录等。

"实验室实验法"是现代心理学研究的主要形式,由于能借助于各种仪器、设备对实验条件进行严格地控制和测量,因而它不仅能搜集被试者的外部行为反应,而且也能精确地记录到被试内部的生理反应。

(2) 定性实验法与定量实验法

"定性实验法"常常在判定某些现象间是否有联系时采用。例如,"男女两性对某种服装的反应是否存在差异""男性是否同女性一样具有追求服饰美的心理需求"等。

"定量实验法"在测量服装行为与心理现象的函数关系、服装心理现象之间的对应数值关系时采用。该实验类型在心理学各分支学科中运用极为广泛,尤其在感觉、知觉、情绪判断等研究中更为常见。定量实验必须借助于仪器才能完成,因此,从事这类实验时研究者不仅要具备专业的理论知识,而且要对实验所用的仪器性能、操作技术和可能达到的精度有全面的了解。

3. 问卷法

问卷法是利用被试者对"问卷"所作的回答,搜集心理学经验事实的方法。问卷法将研究主题设计,成为详细题目,制成统一而有一定结构的问卷表格,分发给被试者回答并及时收回,通过分析答卷来获取所需的材料。

问卷中问题的设置有两种方式,即"封闭式"和"开放式"。

前者是指把问题与供选择的答案一起列入问卷,要求被试者必须在给定的答案中选择一项或几项加以回答。如"你购买服装的主要理由是:(1)没有衣服穿了;(2)现有的服装已过时;(3)服装店正打折;(4)为参加特定的活动;(5)受别人的影响。"

后者是指问卷中只向被试者提问而不提供被选答案,要求被调查者作自由回答。如:"你认为现代大学生应如何打扮""为什么时下大学生喜欢穿牛仔裤"等。

前后两者相比,各有优劣。"封闭式问卷"有利于被试者正确理解和回答问题,研究者对答卷进行统计分析和比较研究也十分容易。但这种方式比较机械、可塑性差,难以发挥被调查者的主观能动性。"开放式问卷"则灵活性较大、可塑性较强,它可用来回答各类问题,尤其是答案较多、复杂或未定的问题更是如此。因此该类问卷有利于被试者自由地表达自己的意见。但所获材料的标准化程度相对比较低,难以进行整理、比较与统计分析。因此,半封闭半开放的问卷较为理想。

问卷法的优点是:

① 问卷法能以较小的投入获取广泛的心理事实。在问卷法中,一份问卷却能通过现场发放、邮寄形式、网络通讯方式分发到成千上万个被调查者手中,可以搜集到广泛的心理资料。

② 问卷法能搜集到较为真实的服装心理资料。一般来说,被试回答问卷无须署名,因而在填答一些敏感性和隐私性问题时,不会产生后顾之忧,能表达真实的想法。

③ 问卷法能量化事实材料。一般的问卷都是封闭式问卷,具有规范化特征,利用计算机对资料进行统计分析,便可快速地获得大容量的量化的材料。

问卷法的不足之处在于问卷设计对所要调查的问题均作预先设定,被试者的回答已被限制,自己的情况不能完整地反映出来,因此研究者只能搜集到问卷限定范围之内的有关信息。

思 考 题

➤ 服装心理学的性质是什么?
➤ 为什么要学习服装心理学?
➤ 服装心理学的研究方法有哪些?

第二章 服装与文化

∙∙

服装是一种文化的表现,这种文化是人在自然环境、社会环境相互作用中孕育和发展起来的。在长期的社会实践中,人类不仅发展了丰富的服装材料和服装加工技术,而且还形成了一整套关于穿着方式和穿着行为的社会规范,包括服饰习俗、习惯、法律、禁忌等。每个人的着装方式和行为都会受到他所涉及的社会文化的影响。

第一节 服装文化的特性 ∙∙

一、文化的概念

文化的含义非常广泛。在西方,文化(Culture)是栽培的意思,引伸为对人品质的培养。因此,将文化定义成为一种教育方式。但18世纪以后,这个概念逐渐发生了变化,认为在物质生活以外的所有一切,都是一种文化形式的存在,从而将文化的内涵对外在行为的描述转变成了对内在精神意识的关注。作为文化学的创始人,英国人类学家爱德华·泰勒(E. Telle)在1871年出版的《原始文化》一书中就描写道:文化是一个复杂的总体,它包括知识、信仰、艺术、法律、道德、风俗,以及作为一个社会成员的个人通过学习获得的任何其他能力与习惯。自泰勒以后,又出现了许多对文化的定义。到了20世纪50年代,克莱德·克拉克霍恩(C. Kluckhohn)等人在其出版的著作《文化:概念和定义的批判分析》中,就列举了一百多个文化的定义。诺亚·韦伯斯特(N. Webster)认为,文化包括客观和主观两个层面的:客观层面的文化差异表现在包括地理环境、气候条件等方面;而主观层面上的文化差异,可能表现在归类方式、态度、信念、规范、角色定义和价值观等方面。综合多数研究者的共识,文化的概念可以总结为:文化是人类在社会历史发展中所创造的精神财富的总和,是在某个地理区域内、某段特定时期,持有同一语言群体中的个体在其知觉、信仰、评价、沟通和行为过程中表现出来的一些共同特征。

二、服装文化的基本特性

1. 共有性与异质性

服装文化的共有性是指生活在特定环境和地域的人群,在长期的社会实践中,形成了共同的服装认知、信仰、价值观、心态和行为准则。共有性可以使一定文化形态的服饰呈现出一种共同标准,也是个人服装行为能否为所在文化圈的其他人所接受的条件。文化的共有性可以使人们互相预知对方的服装行为并能作出相应的反映。服装文化的共有性显著地表现为各民族人民拥有相同的服装形式和着装规范,并通过服装来体现自己民族的自豪感和凝聚力。随着文化的相互交融和影响,近年来世界服装有同质化的趋势,出现了着装方式的共同特性。

服装文化的异质性是指一种文化与另一种文化的差异。尽管文化是同一社会成员共有的,但由于历史、地理、环境等因素的差异,形成了独特的服饰模式、习俗与行为,从而构成了服饰文化的异质性,使得一个民族或团体的服饰风格和习惯有别于其他民族或团体,这种差异性也成为该民族服饰异于其他民族服饰的标志。异质性是服装文化存在的基础,失去异质性也就失去了文化存在的必要性。

2. 多样性与民族性

世界物质形式的多样性决定了适应物质形式的文化多样性。多样性是服装文化的另一个属性。由于地理环境、气候条件、发展水平等因素的影响,世界服饰文化呈现出多姿多彩的形态,形成了不同服饰文化的种类和模式,使得世界服饰文化从整体上呈现出多样性的特征。各民族服饰文化各具特色,虽然彼此影响,但并不能相互替代,它们都是全人类的共同财富。任何一种民族服饰,哪怕是使用人数极少的民族服饰,如果遭到破坏和消亡,都将是整个人类文化的重大损失。

文化总是根植于民族之中,与民族的命运相伴。一个民族的文化之所以有别于其他民族的文化,是该民族在长期历史发展过程中创造和发展起来的,带有本民族的根本特色。中国作为一个拥有悠久历史文化的多民族国家,其民族服装种类繁多,异彩纷呈。这些服装是各民族历史发展、生产方式、习俗礼仪等社会实践的结晶,也是各民族性格、心理、精神的外在表露,生动地展现了各民族服饰的独特风貌和别样精神。民族服装是各民族用于展示其优秀文化成果和追求民族自豪感的重要工具,也是寄托各民族人民感情的精神食粮。随着我国国力的增强和人民生活水平的提高,几乎所有少数民族都把自己的民族服装进行了系统化的发掘和弘扬,汉民族也更加怀念和追寻梦想中的属于自己的民族服装,正在各种媒体和场合宣扬着自己的汉服文化。

3. 继承性与发展性

人类生息繁衍而不断发展,相应的文化则连绵不绝,世代相传。服饰既反映出一个民族在一定历史时期的社会形态,又折射出各历史时期民族文化的传承与发展。

继承性是文化的基础,没有继承性就没有文化可言。在服饰文化的发展长河中,每一个新的历史阶段在否定前一个历史阶段的同时,必须吸收和保留其基本的文化内容,以及人类此前所取得的全部优秀成果。就中国服饰文化而言,它是中华民族几千年来在特定的自然环境、政治结构、意识形态等因素共同作用下,经历数千年的演绎与扬弃形成的。它是中华民族思维模式、价值观念、伦理规范、风俗习惯、行为方式、审美情趣的外显,成为中华文化的重要组成部分。这种文化特色已经深深地融入我们的思想意识和行为规范之中,成为支配我们着装思想和行为的强大力量。

影响因素的不断变化,使其服装文化也随之发生变化。就趋势而言,人类服饰文化是由简单到复杂、由低级向高级不断演化的。从早期的茹毛饮血到当今的时尚生活,是文化发展的最好体现。没有文化的发展,或许人类至今还过着草叶兽皮的原始衣生活,也就谈不上现代着装礼仪和时尚形态。在服饰发展的历史进程中,每一个时代都带有明显的文化特征。例如,石器时代服饰文化的原始性、古代服饰文化的自然性、中世纪服饰文化的宗教性、近世纪服饰文化的装饰性等。虽然时代的更迭必然导致服饰文化的变异,但这并不否定服饰文化的继承性,也不意味着服饰文化发展的断裂性。总的来说,服饰文化的发展是以继承为基础的,继承性是相对的,发展性才是绝对的。

三、文化对着装心理与行为的影响

社会习俗、教育和成长环境等不同的文化背景的影响,导致了个体着装心理和行为方面一系列的差异。

1. 文化以无意识的方式作用于人

文化对人的影响,不是有形的、强制的,而是具有潜移默化的作用。每个个体人从出生开始就被置于一个特定的文化氛围之中,经过长期的文化熏染,文化已经高度内化在该个体的世界观、价值观、情感和习惯当中,个体对决定自身思想、行为的因素往往处于一种无意识的状态,也就是说每个个体在自己的思想和行为中无意识地接受着文化的制约,遵循着文化的规范,这就是文化无意识。

从这个角度看,从降生到世上之后,个人根本无法选择到底应该穿什么样的服装,只能无条件地接受着来自家庭、学校和社会环境的服饰文化熏染。通过父母的抚育、旁人的示范、学校的灌输、制度的规化、生活的磨炼等文化影响,着装意识便潜移默化地浸润到自己的精神世界,成为个人内部世界的有机构成和基本模式,并时刻以自己的行为方式表现出来。文化无意识是特定文化群体的无意识心理,它与民族性有着很大的关系。各民族的着装习惯无不透露出该民族的文化特征和文化无意识,如阿拉伯民族的长衫、印巴民族的纱丽,分别体现出不同的文化背景和文化心理。

2. 文化是着装的认知背景

文化会影响人类的判断和直觉,并赋予认知过程的意义和解释。第一,人类对服饰的认知风格和认知特点深受文化背景的影响,即我们习得的知识、观念、习俗等均会影响我们认知风格的形成;第二,我们对他人着装的认知理解也深受文化环境因素的影响,如观察到戴头巾和面纱的女子,我们就认为她可能信仰伊斯兰教,并对她的这种着装方式表现出理解;第三,人类接收和加工信息是一个意义化的过程。在这个过程中,个体的经验和主动性会深刻影响着认知的结果和反应,该过程包括认知的选择、组织和解释三个阶段。

3. 文化是服装行为的依据

文化是一种无形的行动指南,引领着人们的服饰行为。人的行为受多重因素影响,包括宗教、法律、风俗、习惯、道德、禁忌等,这些因素综合在一起就是文化。在特定的文化环境中,我们该穿什么、怎么穿就有一定的行为准则,因此,文化对着装行为有着原始性、根本性的驱动作用。每个地方都有不同的风俗民情,一般人若是到了当地,通常会尊重并且"入乡随俗"。据报道,日本一名女摄影师,从小向往非洲生活,长大之后进入非洲土地并访问了许多部落。有时候为配合部落文化,她不但会改变穿戴以示尊重,甚至在拍摄裸身妇女时,自己也不穿衣服。

第二节　着装的动机

无论身处非洲的原始丛林,还是身居高度发达的文明城市,人们都不缺乏对服饰品的热情,这种热情的动机却是多种多样的,下面,我们把着装的动机归纳为本能说、满足欲求说和精神分析说这三个方面来讨论。

一、本能说

人有双重属性,即动物性和社会性。就前者而言,和其他动物一样,具有某些相同的本性,如合群、好奇、喜新厌旧、贪图舒服等。本能是人类动机的一部分,在生物种系间又普遍存在,但往往会被我们现代人所忽视。不可否认,人需要穿服装,当然有出于以适应环境、保护身体等本能的需要。

1. 适应环境说

（1）适应自然环境

自然环境主要是由地理位置、气候条件、地形地貌等方面决定的。我们生活的这个地球是如此之大,形成了不同的自然环境:既有严寒难挡的冰川雪地,又有酷暑难熬的热带沙漠;既有阳光灿烂的地中海流域,又有潮湿寒冷的南北极地。如此多样的气候条件,决定了人类穿戴的多样性。在诸多自然环境因素中,人的着装方式适应气候条件表现得最为显著。生活在气候寒冷地区的人们,其服装特点为形制简洁、包裹严实、粗大宽厚、装饰物少,这种服装样式和风格的形成与保暖御寒需要有着直接的关系;相反,居住于热带气候地区的民族,其装束基本呈现出短小轻便或宽松简洁、皮肤尽可能裸露的风格,以便在炎热、潮湿的天气中散热纳凉。然而,生活于温带的人们,由于季节变换明显,服饰也相应地与各季节相适宜。夏季衣服一般简洁、大面积裸露出肌肤,服装材料透气、吸湿、色浅,给人以"凉爽"的感觉。冬季寒冷,人们往往选择偏深色的服装,心理上会感觉"暖和"。春秋季是一年中的黄金季节,服装的变化幅度较大,也最能展示出服饰的魅力。

地理环境也影响着服饰的形式。侗族人生活在百花争妍的山寨,因而其服饰上的花纹图案就成为美的标志,衣边、衣角、袖口、前襟、后襟都绣满了油茶花、油桐花、桃花、李花、杜鹃花等各种花卉图案;哈尼族人生长在崇山峻岭,耕种梯田,故他们的服饰以多层次图案为美;高彩度写实图案面料的服装,可能无法引起城市人的兴趣,因为他们认为这种服装和水泥森林构成的灰色城市环境格格不入。但土生土长的农村人却十分喜爱,因为这可以和乡村那色彩斑斓的植物和鲜花融为一体,显得十分的和谐(图2-1)。

生产、生活和休闲等方式也影响着装。历史上,我国汉民族服装呈上下连

图 2-1　地理环境下的服装形式

属的形制以与汉族地区的农耕生活与生产方式相适应的。而北方少数民族因为生活在寒冷的草原、平原或沙漠地区,生产方式主要是狩猎和放牧,需要在马背上完成。所以他们的服饰(所谓"胡服")与汉族服饰在形制上的最大区别是上衣下裤,该服装短小精干,便于在马上生活与征战。形态和功能有利于生产、生活与休闲,是服饰应该具备的基本特征。在现代,医生、护士、高科技的实验人员穿白色的制服是为了满足他们的工作内容的趋于无菌状态要求;战士的统一军服,在于统一阵容和便于识别,以利作战和指挥;一些劳保工作服的袖口、下摆呈现束缚状,也是便于在操作机器方面时的便捷与安全。试想一下,如果让穿着大袖口、长下摆的女工去布满机器的流水线上操作,是极为不安全的,这与工作环境的安全技术要求相距甚远。如果让农村姑娘穿上"迷你裙""一步裙""高跟鞋"去搞农业生产,让人觉得相当别扭和难以接受。如果从事旅行,服装的配饰也宜少,宜简单实用。如当春天桃红柳绿时,穿着鲜艳明快的春装,旅行者的整个身心都融入了大自然中,会从中得到巨大的放松和享受。

(2)适应社会环境

人是自然界高度发展的产物,人与动物的根本区别在于人可以通过改造

自然以及结合自身的劳动实践,缔造"社会"这个专属于人类的特殊环境。

从时间维度上看,每一个时代都有其政治、思想、文化及生活方式的特定存在,这些都会给人类的服饰选择产生深刻的影响。历史上,汉代服饰的凝重、端庄,唐代服饰的袒露、华丽,宋代服饰的拘谨、朴实与淡雅等,都与各自时代的社会风尚相吻合。服装的时间性原则要求着装者选择符合时代特征的服装,不要过分落伍或超前,以免与社会大多数人的着装认知水平差距过大,这和我国儒学所推崇的"中庸"思想是一致的。英国服装史学家詹姆斯·拉弗(J. Laver)曾编制了一张表来说明服装流行演变规律:10 年前——庸俗;5 年前——不知羞耻;1 年前——大胆;现在——时髦;1 年后——过时;10 年后——丑陋;20 年后——可笑;30 年后——滑稽;50 年后——古怪;70 年后——迷人;100 年后——浪漫;150 年后——漂亮。由此可见,着装应在服饰时代潮流和节奏的水准上浮动,如果与时代所定义的服饰格调不一致,人们就无法接受。所以不难想象,曾经还作为女子内衣并只能出现在闺房内的吊带衫,如今能服用并出现在公开场合,而且人们并不觉得好奇和诧异。倘若换一个时代环境,这种着装方式是不可思议的。

时间从小的方面来说,还涉及每一天的具体时刻。早晨从事户外活动,还是穿宽松的运动装较好,倘若穿戴正装,则不便于活动;晚上看戏或朋友小聚,衣装就应该整齐端正,而不应该随随便便。在西方的历史上,按举行各种仪式的时间不同,还有晨礼服、昼礼服、午服、鸡尾酒服和晚礼服等之分。每一时刻就该有相应的服装形式,不能混用。

从地点和场合上看,一种服装形式只有在特定的社会环境、场合下才是美的,换一种场合就可能产生歧义。如,款式多变的比基尼在游泳池、在海滩显得很美,它能展示出着装者的健美身体和自信的精神风采,但若出现在商场、广场或其他公共场所,就会引起非议;医生穿白大褂出现在医院,会赢得病人的好感和尊敬,但幼儿园的教师穿着白大褂出现在儿童面前,会引起孩子们的紧张和反感。

人们穿衣打扮不仅仅是为了自我欣赏,更主要的是向社会公众显示自己的形象。因此,对于服装的选择更要注意与自己从事的活动以及周围的社会环境保持和谐。如果参加宴会等正式社交活动,最好穿戴整齐,以示庄重。在自己家里衣装不妨可以随便一些。喜、怒、哀、乐是人类的基本感情,在这种心情和状态下,人类的服饰也是有明显区别的。在欢乐的节庆时,人们的服饰一般都比较鲜艳、绚丽多彩;在悲哀的场合,人们的服饰则比较单调、色彩沉重;在正式的官方场合和仪式上,人们的服饰多半又比较严肃、庄重。

为适应不同职业的工作环境和工作条件的需要,服饰就有相应的特点和要求。如果一个人在工作场所,身着工作服认真工作,会给人留下良好的印象。相反,如果他衣冠楚楚的在车间里走来走去,则难免让人有不好之感。教师上课时要把学生的注意力引向自己的授课内容,让学生的思想保持高度的集中,这就要求教师适当讲究仪表,款式庄重大方,色调以中性为好。如果过于花枝招展、新奇怪异,势必会引起学生的种种联想,影响学习。曾经,有媒体报道我国西部某市一年轻女教师因穿得过于开放,上课时常常引起男学生的分神,导致学生家长的强烈不满,纷纷要求孩子转学,这就是一个着装场合错位的例证。同样,一个国家的军容,直接体现本国的国威和军威,还能够影响士气和战斗力。因此,军服的形制应简洁和威严,使人产生敬畏感。试想让现代的军服装饰着各种荷叶边、蝴蝶结、流苏等,会是一种什么效果呢?

2. 保护身体说

借助服装,使人的身体与外界隔离,减少外界对身体的侵害。出于本能,这可能是人类着装的一个重要动机之一。

(1)保暖御寒

为适应各种气候条件,满足人的生理需求而适当穿用服装。一个明显的事实就是天冷了我们要添加衣服,否则我们的身体会出现问题。尽管这一着装动机得到较多人的支持,但一些学者似乎并不赞同这个观点,他们提供了许多例子来加以反驳。主要有以下两点:一是人和动物一样,最初人体身上是长毛的,已经有保护功能,并不需衣服御寒。一些生活在寒冷地区的原始人只穿少量的服装,甚至不穿服装。如火地岛人几乎裸体,只将一张宽松的兽皮披在肩上,并在身上涂油脂,任凭大雪融化在皮肤上。二是最早的人类居住于热带,根本就不需要穿服装。现代科学研究结果证实,我们人类的共同祖先都来自于炎热的非洲大陆,也有学者用类人猿骨头发现于印度尼西亚爪哇岛上这一事实来加以证实。但问题是,我们人类的身上已经不像动物一样长出那么多毛了,许多地区并不处于热带,在这样的情景下,不依靠服装就很难生存。因此,可以说保暖御寒是服饰的动机,但不是唯一的动机。

(2)身体防护

这一观点认为,着装的目的在于保护身体免受外物伤害。原始人生活于荒郊野外,当他们在荆棘丛生的原始森林和灌木丛中穿梭,在乱石丛中跳跃或与兽类争斗时,为了将皮肤和肌肉保护起来,他们用一些树叶和兽皮等原始材料当作服装,覆盖于身体的重要部位和器官,尤其是生殖器部位,因为这是原始人兴旺种族、繁殖后代的重要保证。

原始人用衣物或兽皮系在腰部,走动时,使其摇晃和飘动,以驱赶昆虫,避免被叮咬。这一观点是约翰·霍普金斯大学的邓拉普(K. Dunlap)教授提出的,但有人认为,这只不过是用现代人的逻辑去推断原始人的思维方法,故可信度较低。

这一理论还体现在热带沙漠地区的身体防护问题。热带沙漠地区气温高,白天日平均温度可达 40~50℃,湿度却很小,所以人体的水分蒸发较快。用服装覆盖身体可以减少汗液的蒸发,遮挡强烈阳光对身体的直接照射,还能防止沙暴的侵蚀(图 2-2、图 2-3)。

今天,随着人类对世界各个领域开发和探索的深入进行,相应地研制出了各种形式和功能的服装,如宇航服,高温作业服,防毒、防弹、防菌、防静电、防尘等护身服装,目的都是保护身体,防止伤害。

图 2-2　沙漠地区的面巾　　　　图 2-3　沙漠地区的袍衫

（3）心理保护

原始人相信万物有灵，面对地震、火山爆发、潮水海啸等各种大自然的威胁时，由于无法理解其产生原因，就自然把它们归结为恶神的魔力。为了保佑他们在现实世界和未来世界中能凡事顺心，于是原始人采用珠子、皮条和骨头等原始饰物讨鬼神的欢心，或保佑其抵御魔鬼的伤害。佩卢（Pelew）岛上的居民把鼻子穿孔，以确保永久的快乐；斐济岛（Fiji）人要虔诚地按照他们所信仰的上帝规定的图案来纹身，因为他们相信，如果不按照这些已制定的命令去做，那么死后就要受到惩罚。

在文明社会里同样有这种现象。至今在我国的一些农村地区，小孩带手镯、银项圈，就是保护说的心理需要。"五毒"是蛇、蝎子、蟾蜍、蜈蚣、蜥蜴（或壁虎）的集合体，在我国中西部一些地区，一直以灵符的形式出现，有以毒攻毒的含义。"五毒"图案至今仍被广泛地用于坎肩、鞋子、内衣等服饰品中，也是心理上寻求保护的一种表现。在今天的城市里，这种现象也有。近年来，在一些国家和地区流行穿"红内衣裤"，也是希望这种服装能给自己带来安康和幸运。它原本是从前在我国民间较为时兴，用于本命年辟邪之物。但这种善意的民俗似乎在近年有愈演愈烈之势。从心理上讲，着装者的动机是对过去失落的心理的平衡、对未来追求目标的寄托。在社会发展缓慢、人与人之间差异不是太大的情况下，人们往往不会意识到这种情况，但在社会发展迅速、竞争激烈的情况下，人的安全意识与自我实现意识就很难在同一平衡线上都得到满足,未来的不确定性、不可预知性都强化了这种心理压力,这种民俗能起到舒缓人们心理压力的作用,故在当今社会很有市场。

（4）装饰美化

俗话说"三分容貌,七分打扮""人靠衣装,佛靠金装""云想衣裳花想容"。看来,人之所以要穿服装,就是为了使自己更具有魅力,这也是用衣物来装饰自身的一种本能性冲动,这一观点也得到许多学者的赞同。早在西汉初年,燕人韩婴在《韩诗外传》中就说:"衣服容貌者,所以悦目也,"就是强调了服饰对着装者的美化功能。在人类进化的历史长河中,随着嗅觉的敏锐度的减退,视觉的敏锐度的逐渐增强,人们对于形象、色彩的感受能力越来越精细和敏感,相应的视觉审美能力得到逐渐提高。因此,用视觉感受美丽是人类的共同感情,为迎合这种感情,人们用服饰装扮自己,也就不足为奇了。可以说,从古到今,虽然有不穿衣的民族,但却没有不装饰的民族（图2-4）。

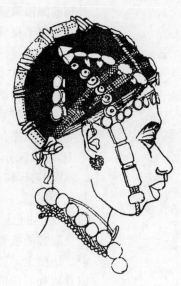

图 2-4 装饰美化

尽管追求美化自身是人类的共同心理需求,但美的标准却是多种多样的。头发是女子的心爱之物,然而居住在我国云南双江县境内的拉祜族妇女,曾经却喜欢和男子一样剃光头,以此为本民族女性美的标志,凡是过了门的妇女,都随时把头剃得光亮,只有未出嫁的姑娘留头发,表明自己还是少女。苏格兰男子的传统服装是由有褶皱的方格短裙和宽松的头篷配套组成的,这种裙子作为苏格兰民族的传统服饰至今仍在英国民间流传。同样,我国清代男子留辫子也是不太容易被其他国家的人民所理解的。

二、满足欲求说

1. 标识身份

服装具有标识服用者身份的作用。利用服装的外观形态来区别着装者,满足其显示职业、阶级、任务及行动的需要。常用的服装标识手段有以下几个方面:

（1）用量标识

用服饰数量的多少、体积的大小来区别服用者身份的标识方法。一般用服装的长度、宽度、面积、肥瘦等的不同或衣物的重叠层数,来象征地位、阶层的高低和权力的大小。在朴实的农业社会和物质匮乏年代,人们常常用同时穿衣的数量来显示身份。而在今天,这种方式已不可取,甚至会被他人耻笑。因此,现代的人们改变了表达方式,往往用不同时间和场合变换多种服装来显示自己的身份和购买实力。

（2）用形标识

用衣物的形态、构成和着装方式的差异来进行身份的识别。各种民族服装以及性别服装，都具有形态性标识特征。藏袍是西藏人的身份标识、银凤冠及胸前佩银饰则是苗族女子的标识。人们往往在其身体的头部、胸部、肩部和臂部等便于视觉识别的部位施加适当的装饰配件（如胸章、肩章、领章、臂章等），以表示其标识类别。

（3）用图标识

将一定的图形、图案置于服装之上，以示着装者的身份或状态。由于图案具有鲜明的符号识别性，所以被广泛运用于服装中，来强调穿衣人的身份、地位等某种状态。明清时期，不同的禽类和兽类动物图案被缝补于官员的袍衫之上，用以区分不同级别的文武官阶。我国的封建王朝帝王，曾经喜欢用"十二章纹"来标榜自己的才华和修行，向天下子民传达与此地位相称的个人素质及其合法性。

（4）用色标识

服装的色彩，具有外观上的感知特性，所以常被用来作为身份识别的手段。历史上，统治阶级所使用的服色都是特定的，禁止一般庶民使用，一般难以获取和有价值的颜色是社会上层的标识，较下层的人们只限用暗淡的颜色，如棕色、灰色和黑色。用颜色标识身份，在人类历史上延续了很久。在马达加斯加，只有统治阶级方可穿红色长袍；泰国只允许王子及其随从穿红色衣服；在古代中国，黄色只供皇室家族使用，其他下层平民只能使用其他的颜色。在现在社会里，用服色来作标识的例子也很多。各种职业装都是以特殊颜色来区分所属的团体和展示其集团形象。另外，色彩还常用来作为危险和警告的标识使用，如儿童上学过马路时戴橘黄色的小帽，道路施工人员穿戴橙色工作服等。

（5）用质标识

以服饰材质的差别来区分服用者的身份。一般来说，精致、昂贵的衣料一般是上流阶层人物服装的必选，而粗俗普通的衣料则是百姓衣物的标志。早期的奴隶只须在腰间束一条布料粗糙的围裙和带子，而首领和他的部下却全身着装，并且用最上等衣料缝制，上面绣满各种花纹，并点缀贵重的宝石。我国古代上流社会使用绫罗绸缎制成的服装，而平民百姓只能穿麻布衣物（即"布衣"）。在现代，那些欲体现身份的人，也会毫不犹豫地选择高级面料制成的服装。

2. 炫耀财富和地位

以着装来显示穿着者的财富和地位，在人类历史中早已是司空见惯的现象，从古至今，"富有"总是与社会地位相联系的，似乎一个人的财富越多，他的社会地位就越高，因此一些有地位的人，总是要以着装来炫耀自己的财富，目的是赢得别人的敬畏和尊重。只不过这种炫耀，有的人是以微妙的方式进行，有的人却以赤裸裸的方式加以卖弄。

在原始社会里，人们最善于表达这种自我炫耀的方式。在历史上的非洲某些部落里，人们把自己所有的布全都围在身上，如果很富有，甚至会把手臂裹得不能弯曲，以致于在热带烈日照射下，几乎会让人闷热得喘不过气来。这些人虽然承受了肉体上的折磨，但在精神上却很愉快，因为他们自认为那些比他们穿得舒适的人，是多么地羡慕他们。

　　在东方的一些国家的历史上，人们则以较为含蓄的方式来表现自己的富有。例如，长的手指甲就是一种无声的例证，这说明长指甲的人不能干活，必须雇人为她服务。在中国及其邻国，留长指甲是贵族、宗教界人士的一种标志。他们把指甲留得很长，并用金质或银质的壳来加以保护。同样，女性被缠成"三寸金莲"后连走路都成问题，更不用说干活了，所以也需要有仆人侍候，其实也隐含着一种炫耀。

　　世界各国的妇女，甚至男人都喜欢佩戴贵重的钻戒、项链、手链和各种珠宝首饰，也是基于这个目的。他们或许这样认为，能把大量的金钱花在既不能生利、又会不断被折旧贬值的饰品上，一个没有足够经济实力的家庭，是既不愿意，也无法做到的。在现代，过度的装饰似乎已成为女人的专享，一个家庭男人的经济情况，在很大程度上，可以经由其家庭成员里女性时髦的装束表现出来，因此，许多现代妇女的穿戴已成为她们丈夫事业成功的"展示品"。

　　以服装炫耀地位的一个重要内容就是用服装作为区分所属阶级的标志。这种做法早在原始社会就已经出现，当他们认为透过穿着，能判断一个人的社会地位时，他们就越在意着装，以表明自己的地位。与这个情景相反，不穿衣服则是奴隶特有的标志。在非洲许多部落中，部下只能以裸体来接近首领。历史上，澳大利亚人要求女人在节日中脱掉衣服，以表明她们的卑贱地位。在贵族政体中，每个人的社会地位是不同的，存在着明显高低贵贱之分，人们要求这种地位差异的愿望十分强烈。这个倾向表现于生活的各方面，尤其在衣着方面更为突出。贵族绅士通过服装，把自己与平民严格地区分开来，决不准许与其他阶层混淆。我国清朝统治时期服饰制度十分严格，以多种形式规范了服饰的等级，以帽子上的顶珠材质和颜色来区分官阶是其中的一种方式。皇帝至百官以及后妃、命妇的冠帽都对色彩、质料、珠数等作了严格的规定。

　　传统上，服装用作上层社会显示地位的方式有以下一些：①比其他人穿更多的衣服；②拥有一定数量的服装，但决不总穿同样的衣服；③频繁地更换服装；④总是穿着领先潮流的服装；⑤穿着难于运动的服装；⑥使用大量的布料；⑦使用价格昂贵的材料；⑧佩带金、银、宝石等首饰；⑨穿着做工精细的高价名牌服装；⑩采用高级运动、休闲服装。

　　在现代社会里，由于阶层差异的缩小，加之服装被大量地成衣化生产，使得各种阶层的人都有可能以较低的价格获得类似的服装。因此，服装的地位象征作用减弱了，但富有者通过高级品牌服装、数量更多的服装显示其经济地位的愿望和做法仍然存在。

3. 取悦异性

一些社会学家相信,服饰的一个重要动机是用于吸引异性。他们认为,由于存在男女两性的差别,因此男女两性为了相互吸引,引起对方的注意和好感,就把性的特征装饰得特别突出。在服饰发展史上,我们可以看到富于性感的服装层出不穷,形式多样,甚至有时夸张到令人瞠目的地步。在南太平洋一些岛屿上的土著人、南美的印第安人的一些原始部族的男性,喜欢在裸体的身躯上系着一个直径 5～6 cm,长约 40 cm 的黄色葫芦杆作的阴茎鞘。这种方式在我们看来,似乎无法理解,但在文明社会却也出现过,罗伯特·路威(H. L. Robert)在《文明与野蛮》一书中写道:在 15～16 世纪的欧洲,"男士们在那紧束两腿的裤子正中间,彰明较著地挂着个怪可笑的做得花团锦簇的小口袋","这不能算是遮掩,简直要算是宣扬了"。这一点和动物界的现象有相似之处,动物尤其是雄性动物身上有着各种天然的装饰,如雄孔雀那美丽的羽毛,公鸡那漂亮的高冠,雄狮那威武的鬃毛等,都具有吸引异性的作用。

以下这些例子也可用来支持这个说法:在原始人类和未开化的民族中,衣服和装饰(纹身、涂色等)都集中在人体上的生殖区附近,也多出现在与性有关的场合(青春期、成人礼、婚姻等)。许多原始部落的妇女习惯装饰,但不习惯穿衣服,只有一些风流的女人与妓女才穿衣服,因此,在她们的观念里,穿衣就是为了"引诱"。

现代人在服饰中强调这一动机也是习以为常,尤其发生在青年女性中,"女为悦己者容"就是较为恰当的概括。在日常交往中,有人一看到异性的服饰就会被深深地吸引,甚至留下难忘的印象,从而使双方进一步了解和交往成为可能。婚前求爱期,是人的一生中最注重服饰装扮的季节。年轻的男女们为了取悦对方,舍得倾注时间和金钱,把自己打扮得漂漂亮亮,他们的服饰风格不但新颖多变,色彩花式繁多,而且搭配也非常得体。在服饰的选购上一般不太看中服用的舒适性,而在意于展现自我、吸引他人的需要,以期获得异性的青睐而得到满足,更为深藏的动机便是希望有人能关注自己、爱上自己(图 2-5)。

图 2-5　取悦异性

三、精神分析说

服装本身是物质的,但我们在穿用它的时候,这种物质形态可能会体现出许多心理的、精神的东西。

服装是强化自我的重要力量,对一个人自尊心和心理安定感的提高有积极作用。服装作为外表的一部分,它成为个体自我身体形象评价的重要内容。

因此,服装对于个体产生积极的自我感情具有重要的作用。心理学的研究表明,自尊心强的人,善于利用服装表现自己的个性和主张,比较注重服装美的价值作用,因此服装反映出这类人自信自尊的个性特质;相反,心理安定感不高的人,喜欢社会接受和认同的服装,在服装行为中没有自己的主张,容易随大流,因此服装折射出这类人不自信、自我否定的个性特质。

服装还具有使自我价值感得以恢复的作用。例如,美国心理学家和服装工作者从1959年开始,采用"服装疗法"对精神障碍患者进行治疗,获得了成功。这种治疗方法是通过让患者观看服装表演,请时装专家进行服装教育指导,开展化妆、发型、服装设计等的实地教育,让患者动手制作衣服和进行时装表演等活动,以恢复患者的自尊心和安定感。

同时,服装也可以用来进行自我保护。某些情况下,当个人的自尊心和心理安定感受到威胁,需要得不到满足时,便会采用服装来解除或降低心理不安感。如学习成绩差的学生可能十分注重服饰打扮。

第三节　服装的装饰形式及心理因素

一、肉体装饰

所谓肉体装饰,是指直接在人体上所赋予的装饰。美国学者弗吕格尔(C. J. Flugel)将服装装饰形式分为两大类型,包括肉体装饰和外表装饰。

1. 肉体装饰

通过改变和控制人的肉体所进行的装饰,具体方法有:

(1) 瘢痕

有意在皮肤上划出伤痕,用于示美的一种装饰方式。这种装饰方式在原始社会中较为普遍,有的是用刀割的,有的是用火烫的。瘢痕成为一种永久性的符号,可以用于展示个人的意志力、忍耐力和勇敢。在现代,这种装饰形式已不多见,但一些人将与他人决斗或战斗中留下的伤疤视为一种荣誉,借以示人,也是为了显示自己当年的勇敢(图2-6)。

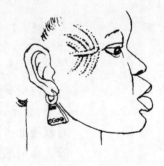

图 2-6　瘢痕

(2) 纹身

在皮肤上刺成各种图案,然后染上各种洗不掉的颜色,使其永久性地存在。这种装饰方法在未开化民族中较为普遍,从气候和地域的分布来看,纹身盛行的地方大都是一些热带地区,如非洲赤道附近的炎热地区,南美洲亚马逊河流域的热带雨林地区等。纹身的装饰,与美的展示、宗教崇拜、标记身份、体现忍耐力有关。在不同的地区或民族中,纹身表示不同的意义。如古埃及妇女在腹部纹身,是祈祷多子多女;巫师的纹身有驱赶鬼神的含义;而战士的纹身则表示一种勇猛。在新几内亚的一些部落中,纹身表示他杀了人,杀的人越多,身上的纹身就越多。巴西巴凯里部落的印第安人,则在身上纹上一些黑点或黑圈,形似豹皮,这是因为他们崇拜的图腾是豹子。在现代社会中,纹身仍被广泛采用,当然其动机可能有所不同,少数社会群体(如黑社会)用纹身标榜自己所属的社会团体,也用它来为自己的行动壮胆或恐吓他人;一些年轻人用纹身表达叛逆的情绪。

(3) 涂色

将皮肤绘涂各种颜色的装饰方式。例如在非洲的一些部落中,人在服丧时,全身就涂成白色;在作战时,则涂成黑色或与自然接近的颜色。涂色有两种方式:一种是涂以与肤色相反的颜色,如在黑色的皮肤上涂用白色颜料,对比之下,黑色的皮肤就显更加黝黑;如果女子的白色皮肤上长了一颗黑痣,看上去似乎更美,形成所谓的"美人痣",也是这个道理。另一种是涂抹与皮肤相似的颜色,目的是强调和加深原来的肤色,使其更加突出。如作为涂色装饰的残存方式,女性中广泛使用的口红、胭脂、指甲油、眼影装饰,就是利用了这一原理。

在现代社会中,各种形式的染发、人体彩绘有愈演愈烈之势,是一些年轻人为了标榜与众不同,追求个性、宣扬叛逆的一种心理表达方式。

(4) 切除

除去身体某些部分的方式。在未开化民族当中,切除的装饰方法较为普遍。如在嘴唇、脸颊、耳朵上穿孔,或去掉手指关节、拔掉牙齿以及切除生殖器的某一部分(称之为"割礼"),该装饰方式与巫术和审美有关。这种方式在现代社会中的遗留便是穿耳孔以佩戴耳环,严格地讲,理发和剃须也属于这一类(图 2-7)。

图 2-7　身体切除

(5) 变形

改变身体某一部位或器官形状的方式。身体中常被变形的部位是嘴唇、耳朵、鼻子、头、脚、腰等。如将耳垂和嘴唇施加重物使之下垂变长,头在儿童时就施加压力变成各种各样的形状,脚被变得又窄又短,腰被变得又细又小等。缅甸的克扬族(Kayan)女子从 5 岁左右就开始在脖子上不断佩戴一种金属环的颈饰,随着年龄的增长,每三年加一次,最后可增加到三十个铜环,重量可达十公斤。由于铜环不断增加,脖颈也逐渐伸长,最后脖子可以伸长达原来的 3~4 倍。这种环是贞洁的象征,女子若有不贞,此环就会被取下,脑袋将耷拉下来。由于铜环的长期紧箍,人的声带也发生了变化,说活声调很高,同时颈部肌肉萎缩变细。当然,这种装饰形式在我们看来既残忍又丑陋;同样,我国自唐末五代开始流行,延至民国的女子缠足,也是比较典型的例子;在欧洲的几百年历史里,妇女们一直用紧身胸衣和裙撑整形,把腰勒得很细,以达到当时的理想身体形态(图 2-8、图 2-9)。

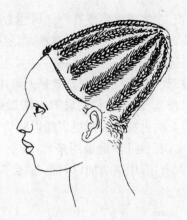

图2-8　头型变化　　　　　　　　　　　图2-9　盘唇

在现代社会中,为了符合我们这个时代的审美标准,一些改良的变形手段仍然被继续使用。如有的女子为把自己变得苗条,长时间束腰、节食和服用减肥药,所经历的身心折磨和痛苦,恐怕并不亚于上述一些极端变形的装饰形式带来的影响。时下盛行的牙齿矫正、人体整形、人造美男美女、变性手术、给婴儿睡硬枕而形成的"扁脑壳"等,都可以说是变形装饰方法的遗留。随着人类的进步,如今,社会正提倡人本主义服饰观,自然的装饰形式理应越来越受到喜欢和提倡,但现在看来,情况并非如此,一些人为了美、为了酷、为了出名,对人工装饰形式仍然十分痴迷,甚至有变本加厉的趋势。

2. 体表装饰

是在人体之外作装饰的方法,其具体形式有:

（1）垂直装饰

强调人的直立姿势,增加表面高度。一些宽松地悬挂在身上或衣服上的项链、长而下垂的耳环等饰物都可以增加这种效果。戴高筒帽和在头上进行装饰,也可以达到垂直装饰的效果。18世纪的高大的头饰就是这种效果的最好表现,当时的妇女把头发梳好后放进头上的一个塔状结构的头饰中,然后再在头发上盖上人、动物、船、马车和其他物体的模型,让头饰高高地耸立于头顶。垂直装饰的另一重要的形式在于使用高跟鞋,如16世纪威尼斯女子的乔品、日本的木屐、中国清代女子的花盆鞋等,现代人对高跟鞋也情有独钟,比如在20世纪就数度流行过高跟鞋（图2-10）。

图2-10　垂直装饰

（2）面积装饰

增加穿着者的体表面积，以体现魁伟或尊严。男性为了展示魁武的身架，常常采用面积装饰，这种装饰方式可以用垫肩、肩章，以示肩宽，体现一种男性的力量。即使今天，这种装饰方法仍然十分普遍。中世纪后期和近代欧洲流行的女子裙撑，是为夸大臀部、缩小腰围的视觉效果而运用的面积装饰。现代女性也常常借助各种较厚、较高、较大内衬的乳罩来增加胸部的丰满，达到装饰的目的。我们发现，许多女性也喜欢采用垫肩加以装饰，20世纪末期，这种现象表现得十分风靡。其实，女装过多地采用垫肩，并不是什么好事，因为又窄又斜的肩往往被称为美人肩，若用垫肩加以衬垫，就会失去这种天然的优势（图 2-11）。

图 2-11　面积装饰　　　　　　　　图 2-12　指向装饰

（3）指向装饰

其功能是强调身体在空间中的运动方向。古代帝王将相及军队服装的头顶上装饰的各种羽毛、缎带等，都是指向装饰的方法。至于裙子拖地的长摆，就更加典型了（图 2-12）。

（4）局部装饰

其功能是把人的注意力引向某个特定的部位。例如发夹、发罩、发花、梳子、珠宝、戒指、项链、别针等，甚至还包括面具、面罩以及眼镜等，都可以构成局部装饰。由于局部装饰品的造型和颜色都比较别致，所以当戴在身体的某一部位时，人们会立即被这些部位所吸引；宝石嵌镶的戒指或项链会引起人们注意漂亮的手指和前胸，漂亮的袜子会吸引人注意着装者优美的腿部，如没有这些装饰，这些身体部位很难引人注目。

在当代的文明社会中，肉体装饰的形式越来越少，体表装饰主要是通过服装来体现，或在服装上添加饰物，或通过服装的款式、色彩、图案来表现。

第四节　影响服装选择的文化因素 ....

人类行为有三个基本来源：第一，某些行为可能由本能引起，无须学习而自然表现；第二，某些反应可以通过尝试和教训发展起来，在这种情况下，个体经验是反应过程的条件；第三，某些行为可以通过模仿或接受传承，从其他个体那里习得。这第三种行为来源可以帮助我们解释人类文化为什么沿袭不衰，使社会延续进步。穿着方式是人类社会文化遗产的一部分，我们今天的穿着方式一部分归功于前人的遗赠，另一部分则是来自当代革新的成果。从上面一节的分析可以看出，作为生命有机体的个人，其服装的选择，一方面是来自于生理性的需要，另一方面则是来自于社会性需要。但无论在什么时代，这些需要的实现都会受到各种社会的限制，也就是说个体的服饰行为并不是任意的，而是受到他所处的社会文化的制约，如风俗习惯、惯例、道德、禁忌、法律等。以下我们分别从法律、理念、风俗习惯、道德等方面来探讨社会文化因素对服装选择的影响。

一、服装的法定规则

法律和规定具有约束服饰行为的强制性质，历史上许多国家和地区都曾制定过一些有关服饰的法律、禁令或条例。

在过去，服饰法律和规定的目的是为了保持阶层的差异，以巩固上层社会既有的优势。因为贵族中的成员害怕他们的优越地位被其他社会阶层人士所取代，所以贵族成员无法忍受别的阶层民众的穿着跟他们的一样。历史上，女皇伊丽莎白是一个热衷于时装的倡导者，她的法令之一是：不许穿过分皱褶的领子、用任何浅色调、穿紧身衣和长筒袜、用丝绒面料做长上衣，但官员可以例外，也不许留长发或卷发，长上衣只允许用暗色。另一方面，禁止奢侈的法令也是引导人们节省开支的一种手段。尤其当国家处于战争状态或财政困难时，有必要采取措施防止人民在服饰和奢侈品上进行挥霍，避免造成国家的衰败。

在现在，服饰法律和规定可以解决复杂的组织矛盾。一些庞大而繁琐的国家组织机构，如军队和警察等，可以依靠服装标识来管理和协调组织关系和组织行为。《中国人民解放军内务条令》对着装、仪容举止制定了严格的规章制度，将各兵种、军官级别、作战训练类型、军容要求做了细致的划分和规定，以促进军队高效、协调地运行。在这一点上,法律和规定具有更强的约束力。一些大型公司、企业集团也有自己的服饰制度,如银行、航空公司、铁路部门等,也制定了本团体的着装条例,以提高集团形象和运作效率。

法律对着装行为也有限制作用,通过法律的强制手段可以对违反限制的行为进行惩罚,这被认为是为了维持政治和道德秩序的必要措施。为维持社会风气,制定法律规范着装行为是极为普遍的。一些发展中国家,对禁止裸露有严格的规定。比如在乌干达,官方禁止女性穿用超短裙、超短裤和带 V 字领的超长裙。乌干达总统曾说:"这些服装对我们的文化来说是不光彩的。非洲妇女必须穿着体面,让她们得到应有的尊重。"在南非的斯威士兰地区,曾经的一段时间内,本地区人口的 1/4 感染了艾滋病。据当时的调查显示,这种疾病主要来自于性传播途径,政府为了阻止该疾病的蔓延,特别制定了一项法令,规定 10 岁以上的女学生必须穿及膝长裙,禁止穿超短裙。

法律还试图保护社会免受服饰被假冒的危害。例如,一个人不经当局许可,穿着军人或警察的制服招摇撞骗,就可能遭到监禁。战争年代,间谍如果穿着敌人的制服被抓,通常要判死刑。一些法律也禁止利用服饰进行性别冒充,因为这种行为有违伦理道德,还可能增加犯罪的几率。另一些法律还禁止公民公开穿着异性服装,主要是基于这样的考虑,如果允许男扮女装或女扮男装,就会增加同性恋的可能性。

二、理念因素

从精神文化的层面来说,服饰是理念的表现。不同理念的群体或个体,在服饰上就有不同的观点和着装方式。

在我国古代,服饰的理念主要是受到儒家思想的影响,儒家思想的观点是,服饰作为一个人的仪表,在待人接物时,必须作为"礼"的行为来表现。孔子就曾说过"见人不可以不饰。不饰无貌,无貌不敬,不敬无礼,无礼不立",就是十分充分的表达。因为在儒家看来,衣冠代表着一种社会身份和人格尊严,可以说是"君子"的标志,衣冠不正,非君子。故君子可以把衣冠看得比生命还重要。

儒家思想对我国社会的影响较大,在封建社会里,官方一般将儒学作为自己的意识形态,因此服饰理所当然将其作为基本依据和价值取向,可以说这种服饰理念至今对我们的穿着打扮仍有影响力。

道、墨两家的服饰观与儒家的服饰思想有所不同,他们强调的是个人内在的德行,而不太注重服装这种外在的东西。更主张"衣必常暖,然后求丽"的实用功利服饰观。道、墨的这种服饰观,在崇尚玄学的魏晋时代得到了实践。晋人不大忌讳赤身裸体,如晋人阮籍在家中就常一丝不挂,客人来访时也不加以回避。当时许多达官贵人都有这种颇为不雅的爱好,社会各阶层人士争相仿效。

从西方服装的发展来看,其服饰理念的变化较大。在古希腊、罗马时期,人们崇尚自由和洒脱,服饰大多简单、飘逸,基本服饰是用一块布披挂缠绕而成。说明欧洲古代的服饰观念较为开放和自由。当然,在进入中世纪以后,由于受基督文化的影响,欧洲人的服饰出现了保守和收敛。然而,从文艺复兴开始,受艺术和科学的影响,脱离自然美、追求人为造型和装饰,则成为人们的服饰理念。

从中西方服饰理念的差异来看,中国传统的服装宽松肥大、形体含而不露。纵观五千年间的中国服饰,尽管千变万化,但变的部分仅限于局部造型和装饰,总体样式上基本维持了宽大袍服的格局,当然这与中华文化的连续不断有关,也与中国人不放弃恪守祖制的理念有关;与我国的情形相反,西方人的服饰款式和造型变化丰富,立体感强、肌肤袒露的面积较大,突出人体美,追求服饰的新奇及人工雕琢。这种不同主要源于东西方的文化传统的差异,这种差异使两者的服饰观念也不完全相同。中国人在传统观念上反对袒胸露体,更不用说裸体。儒家的道德观念历来认为,在公开的社交场合穿薄、透、袒、露的服饰是不合符礼仪的,也是不雅观的。不论男女,全身都应被服装严密封锁,裸露则被认为是不文明和不道德的。这种观念一直沿袭到近现代才有所改变。

中西服饰观念的不同,还表现在对待所谓"奇装异服"的态度上。中国的传统思想,对奇装异服一向是持摈弃态度的。因为在中国的传统观念中,服饰反映的是一个人的身份、地位和尊卑,"正衣冠"成为历代统治者重要的任务。与此相反,西方人对待服饰较为开放,更多地容许个性的自由发展,认为服饰是个人的自由,因而对奇装异服采取较为宽松的态度而不加以干涉。因此,出现了有个性的,甚至"以怪为美"的服饰理念。所以,东西方服饰的差异乃至各民族、各地区间服饰的差异,都是理念的差异以及决定这理念的深层次文化结构的差异而引起的。

三、民俗习惯因素

服饰是一种重要的民俗现象,是人们在长期的共同生活中所自发形成的一种行为模式。主要涉及衣食住行的物品种类、式样和使用方式,以及婚丧嫁娶、节日盛典、人情往来的礼仪等。不同民族有不同的生活习惯,这些习惯将直接影响到服饰的选择(图2-13、图2-14)。

服饰是人类风俗、习惯的映照。不同地区、不同民族的人由于地理环境、生产方式的不同,形成了各自的服饰习俗。阿拉伯人喜欢穿白色的长袍,妇女则以头巾覆盖头部;非洲人喜爱各种各样的纹身装饰;欧美人则习惯于西装领带。

人的一生要经历若干个不同的年龄阶段,各个年龄阶段的服饰习俗也不尽相同。人生仪礼有这样几种:诞生礼,即婴儿初生时举行的贺生仪式;成人礼,是儿童长到一定年龄,在转为成年时所举行的一系列考验仪式和授权仪式;婚礼,比成年礼有更为实质的意义,肯定了一个人的存在价值,也是人生的重大转折;寿礼,我国古代的习俗一般是自花甲始每个十年做寿一次;丧礼,和婚礼一样隆重,而且在许多民族的观念中,它不仅标志着人生的一个终结,而

图 2-13　斐济的职业装　　　　图 2-14　少数民族的服装

且还预示着下一个人生的开始,即转世。

一个新生命降生到人世之后,由于它的脆弱,它的娇嫩,人们首先想到的总是如何为其驱病消灾,所以避邪和保命就成了诞生礼的主题。为此,新生婴儿多半穿百家衣、吃百家饭,之后便可福大命大了。

到了成年,有的民族或地区还举行一定的仪式,并在仪式中改穿象征成年阶段的服饰。例如,中国古代有冠、笄之礼,男子 20 岁行加冠之礼,女子到了 15 岁要加笄。

人一生中最重要的庆典之一可以说是结婚仪式。不同的民族,新郎、新娘在结婚仪式上的服饰习俗基本是不一样的。成婚之日,最明显的特征便是新婚夫妇穿着鲜洁靓丽、引人注目。民族婚礼服饰可谓各具特色,异彩纷呈。中国的古汉族婚姻,新妇多"凤冠袍带,装束整齐,头蒙巾覆,乘彩舆鼓吹往男家""婿簪花披红迎亲"。《阳原县志》说:第二日,新妇挽髻去冠,易以珠首饰,上衣青缎礼服,花边数层,下衣红缎绣花彩裙,绿裤红履,叮当环佩,飘若仙女;在日本的传统婚礼上,新郎新娘则穿华贵的和服;巴基斯坦婚礼仪式的服饰也十分富有特色,七天婚礼中,新娘每天须更换衣服,但前六天衣服颜色为黄色,最后一天为红色,头上盖的半透明纱丽颜色也随衣服同样变化。今天的新娘虽无如此烦琐,但珠环翠绕,浓装艳抹,招摇过市,也是出尽了风头。各民族婚礼服饰习俗主要是人们在长期生活中自然形成的,表现为一种约定俗成的习惯,有些配饰甚至公式化。这些婚礼服饰的多样性又源于不同的目的,有的与图腾崇拜有关,如浙江景宁畲族新娘的龙髻,传说是畲族始祖、龙王的妻子三公主的凤冠;有的与宗教信仰有关,西方新娘子的白色婚纱,便是基督教的产物。因为基督教规定,只有初婚者才能穿白色婚装,以象征纯洁。再婚者则不再有资格穿白色婚纱了,只能穿其他有颜色的婚装;有的则是出于巫术的需要,西方传统婚礼服包含的面纱早期为新娘辟邪所用。尽管目的不同,但其用意却只有一个,就是希望婚礼能带来吉祥和幸福。

人一进入老年,就好像又回到了脆弱娇嫩的儿童时代,风烛残年、朝不保夕,故在寿礼上就穿象征长寿的服装,希望延年益寿。

和其他人生仪礼不同的是,丧礼服饰不仅死者穿用,活人也要为之穿戴。在丧服中,亲属制度的区分十分严格。周代根据逝者的身份和亲属关系,为吊丧者制定了不同的丧服规定,来标志等级和亲疏。

传统节日具有特定的意义,是民间生活不可缺少的内容。在节日里,人们也十分重视着装。各民族的节日服装都具有"繁""盛""重"的特点,庄重的风格显露出人们内心的虔诚。如贵州清水江一带的苗族妇女,其日常装朴实素净,平常不戴或只戴很少的银饰,但其节日装却绣有各种彩色的花纹和图形,同时需佩戴几十种银饰。

四、道德因素

服饰道德家和牧师早就强调了这样一个观点,即服饰一开始就是出于道德的需要而出现的,这种观点在《旧约·创世园·失乐园》中得到了体现。道德是在所有的社会都几乎存在的一种社会规范,比起风俗习惯来说,它们具有明显的价值判断和公众性质,对个人行为的约束也更强。道德规范所认可或禁止的行为,通常都与社会风气或他人的利益有直接关系。例如,在公共场合随地吐痰、不穿衣服等行为,都是不道德的和受到禁止的。服饰的道德功能,不仅体现在利用服饰遮羞的这种人类的生理与心理基础上,而且体现在人类各种人伦关系、社会与交际礼仪的基础之上。

借助服饰遮羞的心理,是在人类脱离了群婚的时代,进入血缘家庭之后才出现的。众所周知,人类在相当长的时期里过着群婚生活,在这一时期,可以说人类没有羞耻之心。只有当人类进入了限制乱伦的婚姻形态后,才萌发出羞耻的心理,并借助服饰来加以掩饰。但遮羞是一种最不稳定的道德保护形式,它根据地点、习惯、社会文化的不同而存在差异,人类对于身体的哪一部分可以裸露,哪一部份必须遮盖,并没有固定的看法。不同的民族对于身体的头、脚、胸、膝或生殖区部位的哪一部分必须包裹,大都由该族人自己来决定。例如:亚马逊河流域的库伊库尔族,一到成年就用线将贝壳串成腰带垂挂于下腹前,这是他们的日常服饰,除了仪式场合外,绝不取下来。平常若不将腰带佩上,就会感到非常羞耻,可是他们一生中却不曾遮掩下体,但库伊库尔族人也从不以裸露下体为耻。在耶路撒冷,除了家里的亲属外,如果妇女的颈部露

图 2-15　羞耻的相对性

在陌生人面前,就会被认为很不体面,但当她坐下时,从小腿一直裸露到大腿,却不以为然(图 2-15)。

　　然而,当遮盖身体的某一部位已成为惯例时,这些部位就会引起注意。因为熟悉的东西不会引起人的兴趣,隐藏的东西反而更易激发起人们的好奇心。比如,半遮半掩而隐约可见的体形,就比全裸更诱人。如果平时遮盖的一些部位突然暴露出来,他就会感到羞耻,担心被同伴嘲笑。因此,羞耻应该说是一种习惯,而不是天生、固有的特性。

　　服饰的道德功能还体现在人作为社会的存在而确立的各种人伦关系、社会与交际的礼仪方面。在各种礼仪场合,如果不按规定着装,是不礼貌的,也是不道德的。吉、凶场合所使用的吉服与凶服,最具有代表性。

　　婚娶、成人礼、生日等日子都被我国民间视为吉日,是人们十分重视的人生大事,在这些场合,是必定要穿吉服的,以示喜庆或恭贺;若遇灾难、丧亡等被民间视为凶事的日子,则以凶服示哀痛或歉疚。《礼记》载:"年不顺成,则天子素服。"《仪礼》规定了斩衰、齐衰、大功、小功、缌麻五种丧服。其中斩衰被视为最重的丧服,用最粗疏的麻布制成,麻布剪断之处不缉边,须穿三年。在现代社会,亲友去世,农村地区仍然披麻戴孝,城市一般胸戴白花或臂佩黑纱,也是在服饰方面加以区别。西方人逢参加亲友的丧葬活动时,丧礼服也十分讲究,一般采用长的连衣裙或套装,为产生庄严感,宜采用收紧领口,不露手臂的长袖服装。不宜用有光泽、透明、织纹抢眼的面料,色彩多用黑色、单一的深色或冷色。还应避免佩戴金属、有光泽的饰物,以产生庄严肃穆之感。

思 考 题

> ➤ 试述人类的着装动机。
> ➤ 服装的肉体装饰形式有几种,这样装饰是出于何种目的?
> ➤ 举例说明人体体表装饰的形式。
> ➤ 试述文化对着装心理与行为的影响。
> ➤ 影响服装选择的文化因素有哪些?并举例说明。

第三章　价值观、兴趣、态度与服装行为

第一节　价值观与服装行为

　　价值观的含义很广,包括从人生的基本价值取向到个人对具体事物的态度,在人们的决策和行为方面起着主导作用。对人们的服装选择和服装行为同样也起着指导性的作用。

　　价值观是人们决定行动和对事物做出判断的直接动机的动力。对于个人来说,价值观的形成与其所属的社会文化、习惯、环境、家庭、亲朋、教育、经验等许多因素有关,个人的价值观一旦形成,在生活方式方面会出现明显的差异,即人们的行动的整体立场是由价值观决定的,依据个人的价值观的不同,或多或少肯定会在行动中表现出来。因此,价值观是人们决定行动的非常重要的原动力。

　　例如,我国现在的老年人他们青少年时期是在贫困的环境中度过的,他们对我国的社会主义建设创造了价值,他们个人也在这一过程中创造了成就,获得了荣誉。改革开放后,在经济迅速发展的环境中成长起来的青少年们是在充实、个性化的环境中长大的,比父辈具有对成功更强烈的欲求的价值观念。并且逐渐地由物质主义向以人为本的观念转化,更加重视对自然的保护。人们的这种价值观念也充分的在服装行为方面反映出来,持不同价值观念的人的服装选择行为是不同的。

一、消费价值观

　　消费者的消费形态是指消费者进行消费选择、消费决定、产生消费行为时的表现形态。它是众多潜在因素在消费者进行消费选择、消费决定、发生消费行为的外在显现。这些因素包括消费者生理性的、感觉性的、文化性的愿望与需求(需要和欲求),消费者的消费心理、文化层次、性格特征、气质内涵、审美

倾向、价值取向、购买行为习惯及其模式、经济实力等生活方式内容。这些因素是消费者对某种商品产生购买行为的内、外在驱动力,取决于消费者对某种商品的价值评价、审美评价、意义评价,换句话说就是取决于消费者的消费价值观念。中国消费者已慢慢从"消费者"(大量地消费批量生产的商品的消费者)、"生活者"(商品的生产要符合消费者的个性需求,比单纯的"消费者"走向整体性、富有个性的消费者),走向了"生活人"(消费行为更加多角度、多面化、整体性和综合性的消费者)。

我国目前及其未来相当长时间内的消费观念包括:

1. 实用功能

目前我国大多数人属于持需求功能性、实用性消费观念的消费者。这些人对商品(包括服装)的最根本的需求点是从商品中获得自己需要的实际利益。因此,他们对商品的物性最为关注,消费选择着重于商品的持久性、耐用性,价格的经济性。平价消费、折扣优惠和样品赠送是他们热衷的消费方式。目前各服装商家采取降价、打折、赠送等促销手段推销服装,就是迎合消费者的这种经济性、实用性和功能性消费观念的需求。

2. 便利与舒适

具有这种消费观念的消费者,其生活方式已渐渐地从传统的、日常的生活方式中脱离出来,转向新的现实生活。具体表现为对舒适、洗涤管理方便的休闲装和运动服装的钟爱。这一部分消费者,对商品的需求是在获得便利的同时,获得身心的舒适。因此,他们虽然也有经济性考虑,但更执著于消费行为所能带来的便利、舒适,而这种便利、舒适性的追求,是经济收入和消费水平处于我国中等层次以上的消费者才能具有的,其需求往往带有一定的时尚性与流行性。

3. 超越紧张状态与向上进取

现代生活的快节奏、高度竞争性使消费者在日常中处于高节奏、高竞争状态。而这个整体的高竞争状态,又使得人们产生超越日常竞争状态、放松竞争状态,达到调剂、缓和的需求。人们可以通过在游戏界中的活动,使自己进入游戏状态,忘却日常生活中的紧张感。人们在游戏界的消费活动中,使自己身体和精神上得到放松的同时,又使自己的紧张状态得到补偿。如旅游、看电视、美食等消费活动,在达到消遣目的的同时,进入了审美界的消费领域,在审美活动中获得身心的陶冶和美的享受。

面对竞争激烈、社会发展变化迅疾的现状,消费者时常感受到了生存与竞争的压力。在压力面前,人们除了进入游戏、消遣和审美的领域使自己日常紧张状态得到放松外,还要使自己处于更紧张的状态,以适应社会的发展,获得生存和发展的更大的空间。处于后一消费形态中的消费者的具体消费领域为:提高知识、智能水平的商品消费,包括购书、上学、消费健脑食品;提高身体机能和健康水平的消费,如购置运动器具、上健身课、减肥等。

4. 整体性发展

这些消费者最明显地表现了现代性的消费形态。他们在现代社会环境中,已不是一个单纯意义上的物质消费者,更是一个整体性的、完整的消费者。他们的消费行为将随着客观环境的变化而产生较大的变化。在现实社会中,消费者除了通过消费,物质上获得生存和安定的保障之外,更重要的是借助消费实有的物、具有一定意义的符号获得自我个性在社会整体中的表现和发展。具有这一消费形态的消费者,他们的消费行为既重视个性又追随流行和时尚,既显现感性又崇尚知识。他们借助消费化妆品、服装等塑造完美的外形,借助对文学、艺术的欣赏获得美感。在此消费形态中,消费者已经完全摒弃了对物质的功能性、实用性的消费需求,即使是消费物质,也只着眼于附着在物体、物质之上的符号性、象征性、意义性内涵。

由此可见:在中国当前与未来相当长一段时间的消费环境中,属于功能性、实用性的消费形态仍然占重要比例;消费形态的个人化和个性化倾向的出现和发展,消费者个性因素的消费倾向正在发展;属于象征的符号性、意义性的价值需求正成为一些消费者消费物质产品的重要的甚至是唯一的原因,许多消费者已不再仅仅从商品的物质性而只是从它的意义来进行消费了。

二、服装价值观念

服装科学中人的价值观很多是指个人的价值,个人的价值体现在漂亮、挑战、婚姻关系、个人的诚实、爱慕、成功、安慰、幸福、家庭、身材性魅力、金钱、新的经历等有价值的行动方面。

服装价值观念是人们整体价值观的一部分,是在对服装的态度、消费选择、消费决定、产生消费行为时用语言和行动表现出来的价值观念。人们可以依赖服装来实现个人的价值追求,因而会影响到服装的选择和购买行为,也就是说人们的服装的价值观念对其服装选择和穿用有着直接的影响。另外,人们对服装的重视程度和选择服装时所重视的内容也因人而异。

人们按照自己的价值观念来选择服装。有人不管价格多么昂贵都要购买名牌的服装,有的人则认为名牌太贵没必要去浪费钱,更愿买便宜实用的服装。有人认为穿价格高的牛仔裤能体现自身的价值,花的钱虽然多但感觉好,但有的人则喜欢去商场买便宜的牛仔裤穿,他们更看重的是实用价值。

1. 时代与服装价值观念

人们所处的时代和文化背景不同,对服装所持的价值观念也不同。19世纪末,人们崇尚当时的贵族服饰,认为有大的裙撑的裙子很漂亮,因而会去追随。超短裙、乞丐装、紧身衣等各种服装都曾是流行服装。从20世纪70年代起,全世界的青年人都越来越重视服装的方便与舒适性,因此牛仔装、T恤衫以及宽大的衬衫和裤子一直流行着,反映了青年人对服装形态的价值观念。

在我国,20世纪70年代前,一直处于物质不足的状态,人们重视勤俭节约,"新三年、旧三年、缝缝补补又三年"就是当时人们的服装价值观念写照。改革开放后,随着服装商品的丰富多彩和人们经济水平的提高,服装的价值观念也发生了巨大的变化。

早在1957年,国外有学者对女大学生着装的欲求和目的进行的调查结果表明,当时大部分女大学生都喜欢穿着与他人相似的服装,基本不穿款式、色彩等方面时尚前卫的服装。可到了第二年,再次对这些女大学生进行调查时则不一样了,都表示"流行服装"的价值很重要。也就是说,在某一时期人们重视与他人的同一性,而另一时期则重视服装的流行性。

人们服装价值观念的变化受政治、经济、文化和社会等环境变化的影响,也受有名设计师们的服装发布会等的影响,还受服装业、商店广告等的影响。因此,人们的服装价值观念会一直变化着。

2. 生活方式与服装观念

人们的服装观念随生活方式的变化而变化着。例如,在人一生的各个阶段,生活方式差异很大,服装观念也各不相同。结婚前对服装的兴趣很高,重点是为自己买衣服。要结婚时,婚礼服装要买罗曼蒂克的,正装要选择符合夫妇职业和社会活动范畴的。有了孩子后,还要考虑孩子服装的选择,到中年后开始重视服装的身份象征性,进入老年期则开始重视服装的舒适方便性。不同时期的服装观念会有很大的差异。

刘国联(2001年)对我国北方地区大学生的生活方式、服装态度与服装购买行动的研究结果表明,大学生的生活方式由消费性、自信感、成功观、成就感、社交性、时尚性、个性和保守型等8个因素组成,他们的生活方式可分为现代社交型、消极停滞型、积极进取型和传统保守型四种类型。大部分学生属传统保守型。这4类人在对服装的态度和服装信息选择方面是不同的,如表3-1所示。

表3-1 不同生活方式群体的服装态度和信息选择	生活方式	服 装 态 度	服 装 信 息 选 择
	现代社交型	重视服装的夸示性、流行先导力、心理依存性和性魅力,不重视协调性	乐于利用报纸杂志的时装广告、商店或橱窗的展示、观察他人的服装和电视中的时装广告等间接性的情报源,喜欢去专卖店和百货商店买衣服
	消极停滞型	重视服装的协调性,而不在乎夸示性、流行先导力、心理依存性和性魅力	同上
	积极进取型	重视所有的服装因素	比较喜欢电视中的时装广告
	传统保守型	对所有的服装因素都不重视	喜欢利用商店或橱窗的展示、朋友和家里人的劝告以及对他人服装的观察等直接性的情报源

可见随着我国人民生活水平的不断提高,大学生们的生活方式向积极进取的方向变化着,同时他们的服装价值观也在不断发生着变化。

生活中我们每个人都会认真思考自己喜欢的服装是什么,喜欢的服装的色彩和款式是什么,自己喜欢的服装的价格带是多少等,从而可以判断自己的服装价值观念的重点是什么。不考虑自己的身材条件、个性、经济状况、职业等就盲目的去买服装,不知道哪些服装适合自己的人,在着装上不可能是成熟、老练、有品味的。

恰当地着装,从艺术角度看是很不容易的,一般人不具备很高的艺术修养,但每个人都应该能够适当地打扮自己,打扮得体是很必要的。这里不是说服装本身是高级还是低级的问题,而是穿着的服装要适合自己,要根据 T. P. O(时间、地点、场合)原则适当着装,对每一个人来说,具有这样的服装价值观念是非常必要的。

三、价值观念与服装行为

人们为什么要穿衣服?人为什么想穿新衣服?人们穿着服装的目的是多种多样的。人们的价值观念对其服装行为有着密切影响。国内外学者关于这方面的研究开展了很多,下面我们从学者们的研究实例可以进一步了解人们的价值观念与服装行为的关系。

1. 一般性价值观念与对服装的关心

最早研究价值观念与服装相关性的学者们(1933 年)从价值观的角度阐述了人们对服装的关心问题。对服装的关心是指服装的影响力,是指穿着漂亮的服装时所感觉到的对自身的满意程度。研究结果表明男性对服装的关心与价值观分数没有什么关系,但是女性中经济性、审美性、政治性的价值观分数高的人对服装比较关心,宗教性、理论性价值观分数高的女性对服装的关心较差。这一研究结果说明对服装的关心与价值观念有一定的关系。

服装行动与家庭的价值志向性也有关。有研究结果表明,家庭的"物质志向主义"与服装的兴趣有关,"社会至上主义"与服装的审美性、礼仪性、趣味性、注意力集中性、心理依存性、安乐性等有关。"传统主义的"家庭对个人的服装行为有着非常大的影响。

还有研究结果表明,理论性价值观念高的人喜欢绿色和黑色,审美性价值观念高的人喜欢各种各样的颜色,经济性的人喜欢无彩色。

2. 一般性价值观念与服装价值观念

有学者(1961 年)假定一般性价值观念与服装价值观念之间有一定的相关性,如表 3-2 所示。

表 3-2
价值观念与
服装价值观念

价 值 观 念	服 装 价 值 观 念
审美性	渴望、欣赏或是热衷于服装的美感
经济性	要求服装舒适,并且在服装选择和购买中要省时、省力、省钱
政治性	希望通过穿着打扮来获得威望、能对他人有影响力
社会性 1	通过服装关心他人
社会性 2	通过服装获得社会的认可,着装符合多数人的一般性习惯

其研究结果表明：审美性和经济性的服装价值观念在成年女性的价值体系中是很重要的。

3. 服装价值观和服装行为

有学者以新婚期女性为对象进行了服装价值观和服装行为之间的相关性的研究。美学性服装价值观念分数高的人特别喜欢逛商店，喜欢寻找漂亮的服装。经济性服装价值观念分数高的人对逛商店看服装没兴趣，逛商店只去附近的百货商店，买传统舒适的服装，但购买之前会仔细地检查缝制质量。

这一研究结果说明人们一般性的价值观念与服装价值观有着密切的相关性，至少是与服装的选择和穿用、行动等态度有着密切的相关性。

有学者对范围更大的服装行动与价值志向及欲望之间的相关性进行了研究。结果表明某些服装行动与价值观念有关系，并且建立了如表3-3所示的假设，这些假设都有一定程度的肯定相关性。

表3-3
服装行动与
价值观念的
关系

服 装 行 动	价 值 观 念	服 装 行 动	价 值 观 念
服装的管理性	经济性价值	服装舒适性	社会性价值
服装的实验性	探险性价值	服装的流行性	政治性价值
社会阶层的象征性	政治性价值	服装的淳朴性	宗教性价值
服装款式	审美性价值		

4. 成人女性的服装价值观念

韩国学者以230名中上层家庭的主妇为对象，研究了家庭主妇的服装价值观念，调查结果表明，她们的服装价值观的顺序为：第一，经济性价值观念和感觉性价值观念。第二，审美性价值观念和理论性价值观念。第三，社会性价值观念、政治性和宗教性价值观念。不同年龄人的价值观念特征是：越是年轻的家庭主妇越是重视美学价值，年龄越大越重视经济性价值和感觉性价值。另外，学历越高的家庭主妇越不在意宗教性价值。

关于成人女性的价值意识和服装购买趋向及满意程度的研究表明，对夸示性购买趋向有影响的因子是"社会阶层"、"社会的承认"和"幸福"，对愉悦性购买趋势有影响的因子是"社会阶层"、"有责任的"和"社会承认"等因子。

5. 大学生的价值观念与服装行动

以男女大学生为对象的关于价值观念与服装行为的研究结果表明，男大学生的价值观念中政治性价值观念分数特别高，其次是经济性的、理论性的价值观念。

价值观念与服装购买行为的相关关系中，理论性价值观念低的群体在购买服装时主要考虑品质因子，店铺选择标准中主要考虑服务性因子。经济性价值观念高的群体购买服装时重点考虑品质因子、选择免税店和交通方便的店铺。审美性价值观念高的群体主要选择免税店购物。社会性价值观念高的群体的服装购买情报源主要是媒体情报因子,店铺选择标准主要考虑服务性因子;价值观念低的群体购买时的情报源主要是观察因子,店铺选择主要考虑免税店。政治性价值观念高的群体大多利用免税店,价值观念低的群体大多利用卖场。宗教性价值观念低的群体喜欢利用百货商店,并且交通方便因子考虑的很多。

6. 消费者的价值观念与对服装属性的重视

购买服装时对服装属性的重视、追求的优惠、个人性的价值观念之间的关系构成了消费者的价值观念体系,这个体系对服装行动有密切的影响。有研究按照个人性的价值观念把消费者分为成就志向型、快乐志向型和人性化志向型三个群体。成就志向型占全体的50%以上。成就志向型和快乐志向型的消费者对服装是否符合自己的心理性的实惠要求较高,购买服装时比较重视服装的设计属性。反之,人性化志向型的消费者追求服装的实用性、功能性。还有,不同的消费者群体的服装参与程度也不一样,成就志向型群体的服装参与程度非常高,价值观体系不同对服装参与的程度也不同。

由以上结果可以看出,人们的一般性价值观和服装行动之间具有一定的关系,因此我们通过观察人们的服装行动,可以在一定程度上了解人们的价值观念。但价值观念随生活方式、家庭经济状况、受教育水平、年龄等不同而不同,所以有必要做深入的研究。

服装学界从20世纪70年代初开始,关于服装价值观念大部分是从服装心理的观点进行研究的,后来渐渐地发展到作为预测消费者行为的变量用于市场营销方面。价值观是决定个人行动特征的因素,与消费者的行动有着直接的关系。因而在认识理解消费者行动时,消费者的价值观念可以作为预测消费者满意程度的变量。

在商品评价中,消费者会通过购买的商品来表现他们的价值观念。消费者在选择商品时要检验商品的主要特性,要考虑这样的特性与自己的价值观念有多大的相关性,然后他们会按照自己的价值体系形成各种不同的评价标准。例如,现在人们选择服装时不再把结实耐用作为首要标准,而是重视服装的品牌、形象等象征性标准,说明人们的服装选择标准在随人们价值观念的变化而变化。

第二节　兴趣与服装行为

兴趣是指一个人积极探究某种事物和爱好某种活动的心理倾向,是与“讨厌”相反的概念。一个人对某个对象有兴趣,就会乐于接触它,并力求认识它、了解它。同样,一个人如果对某种事物或活动感兴趣,就会爱不释手,甚至着迷于它。

人们对服装的兴趣也各不相同。对于百货商店里的各种服装,有的人对牛仔装感兴趣,有的人对唐装感兴趣,还有的人只对逛商店看服装感兴趣。实际上有的人是喜欢买服装,有的人是对服装制作感兴趣,也有的人是对服装设计有兴趣。每个人所感兴趣的内容是不同的。

一、兴趣的分类与特征

人的兴趣反映了人的需要,即兴趣是在需要的基础上产生的,是需要的一种表现形式。如人们对服装感兴趣,是因为人们需要服装。

1. 兴趣的分类

人的兴趣是多种多样的,无论是工作、学习,还是日常生活中,各人都有自己的兴趣。人们兴趣的内容可以分为物质的兴趣和精神的兴趣两种。

① 物质的兴趣。它是以人对物质的需要为基础的,表现为对衣食住行等物质生活条件和家用电器等生活环境和生活条件的追求。

② 精神的兴趣。它是以人们的精神需要为基础而发展起来的兴趣,表现为对科学、文艺及社会活动等的兴趣。

2. 兴趣的特征

人们的兴趣虽然各不相同,但都有其共同的特征。

① 兴趣的倾向性。一个人不可能对所有的事物都很感兴趣,一般只是对某些事物兴趣浓厚。人们的这种仅对某些客观事物抱有浓厚兴趣的特征称为兴趣的倾向性。例如,很多女性喜欢逛商店看服装,把这看成是一种消遣和享受。很多男性则喜欢看足球比赛、赛车比赛和斗牛,喜欢其富有刺激性的享乐。

② 兴趣的广泛性。任何人的兴趣都会有倾向性,但决不会是单一的,总是在某个中心兴趣的基础上有一定的范围,对于某些人来说其兴趣范围可能很广泛。兴趣所共有的广度和范围的特征称为兴趣的广泛性。例如,有的人既喜欢足球,又喜欢篮球、排球和网球,在体育球类活动中爱好广泛。

③ 兴趣的稳定性。一般来说,人们的兴趣是相对稳定的,如有的人一生喜欢养花养鱼,有的人着装一直很讲究。人们兴趣的持久性和稳固程度称为兴趣的稳定性。但这种稳定性是相对的,有的人对某种事物的兴趣持续的时间长,有的人对某种事物的兴趣持续的时间相对要短的多。如今天喜欢养花,明天喜欢养鱼的人也是有的。

④ 兴趣的效能性。兴趣会推动主体产生活动,并达到一定的效果。例如,某人对某新款式服装产生了浓厚的兴趣,虽然价格很贵,但迟早会去买它,哪怕是借钱。兴趣浓厚还会形成重复购买的习惯和偏好。因此,服装市场营销中,努力培养消费者对服装的兴趣是非常重要的。

二、服装兴趣

人们的服装兴趣广义上说是指人们对服装的选择、穿用、保管等与服装相关的事情特别关心,倾注的时间、金钱和精力的行为。具体地,人们的服装兴趣是指人们对有关服装的某一特定内容特别感兴趣。如有的人对服装的色彩非常感兴趣,有的人则对服装的面料质量特别关心。各人对服装感兴趣的内容各不同,但研究结果表明对服装具有相同兴趣的人在性格、价值观和态度等方面具有相似性。这与人们的一般兴趣会在他们的职业和性格方面表现出来是一致的。

人们对服装的兴趣表现在以下 5 个方面。

1. 对服装结构和制作的兴趣

是指人们对服装和装饰品等的制作有兴趣,在这方面花费很多时间和金钱。

2. 对服装款式和流行的兴趣

是指人们对服装款式和流行特别感兴趣,对服装看重美学的、视觉的感觉,对流行很敏感、很关心。

3. 对服装和首饰购买的兴趣

是指人们对购买服装及其饰品很感兴趣,很喜欢逛商店,逛服装商店用掉了很多的时间、精力和金钱等。

4. 对服装计划和整理的兴趣

是指人们喜欢着装干净整洁,对服装的洗烫、修改等感兴趣,对自己的衣柜等总是整理得整整齐齐,具有服装管理的能力。

5. 对服装的社会心理作用的兴趣

是指人们看见服装时,关心的是来自服装的气氛对社会地位、身份,以及性格和感情状态的差异等的兴趣。

有学者的研究结果表明,服装与职业的关系中,从事技能性职业的人对服装裁剪制作的兴趣很高,从事艺术性职业的人对服装设计和逛商店的兴趣高,从事医生和教师等职业的人在整体上对服装的兴趣不高。

服装兴趣与欲求的关系中,人们对服装结构和制作的兴趣越高,对爱慕欲望和成就欲望也越大。对服装款式和流行越是感兴趣,对爱慕欲望和夸示欲望也越大。对服装的社会心理作用兴趣高的人,爱慕欲望、夸示欲望、指挥欲望也越高。

越是对服装关心的人,对逛商店的欲望也越浓,期望通过逛商店转换情绪的倾向越高,对店铺的室内装饰、店铺氛围、对适合于自己的方便制品、对销售人员以及一同逛商店同伴的影响越容易接受,越容易感受到店铺内的优雅的感情。

人们的服装兴趣与一个人的社会经济水平、职业、年龄、受教育水平、出身地区、生长环境、收入等有关。

一般来说,人们对服装的兴趣在青年时期是顶峰时期,这时对流行主流、款式等服装审美方面关心的特别多,随着年龄的增长,对服装的管理性、舒适性开始重视。随着经济水平的提高,对服装的关心也多起来,反之,低收入水平的人对服装的关心则很少。大部分的研究结果表明,与农村人相比,城市人对服装的关心多,不同生长环境长大的人对服装的兴趣也存在着明显的不同。

对服装的专门知识的兴趣与人们的性格、职业也有关系,因此为了探索更深层次的服装行为,应该进行更多方面的研究。

三、兴趣与服装购买行为

人们对服装的兴趣与服装购买行为关系密切。主要表现在如下方面：

① 服装兴趣有助于为将来的购买行为打下基础。人们一旦对某种服装产生了兴趣，就会进一步地收集有关这种服装的信息，包括到网上、报纸杂志广告上查找有关信息、向他人咨询了解、交换信息等，这就为将来的购买奠定了基础。

② 服装兴趣能促使消费者做出购买决定，促进购买行为。人们对服装的兴趣，使人们把购买服装视为乐趣，心情比较愉快，态度比较积极，加上购买前对欲购买服装有关信息的了解，缩短了对服装的认识过程，容易作出购买决定，完成购买行为。

③ 服装兴趣可以刺激消费者对服装商品的重复购买和长期穿着使用。消费者对某种服装所产生的持久兴趣，会形成偏好和信赖，促使其在长期的生活中形成对某种品牌的诚信和依赖，如青年人喜欢某一品牌的牛仔装，会在长时期内一直购买穿着同一品牌的牛仔装。

人们对服装的兴趣是在社会生活中逐渐培养发展起来的，随人们的生活方式、经济水平、大众传播媒体、生活经验等多方面的因素变化而变化着，这种兴趣变化既包括人们随着服装产品更新换代的变化而变化，也包括人们对服装的兴趣随时代的变迁所发生的变化。

有研究表明，按照人们对服装的兴趣高低可以将他们分为不同的群体，人们对服装的兴趣首先源于家庭，特别是妈妈的原因，其次是自己自觉的选择机会的多和少。即从儿时起，在对服装兴趣比较高的家庭环境中长大的孩子，成年后对服装的关心也比较多，具有比较强烈的服装行为。

还有以女大学生为调查对象的研究结果如下：

第一，服装的线条、外形与兴趣的关系方面，喜欢直线型、硬挺质感面料服装的人对美术的兴趣比较高，喜欢曲线型、柔软厚重感服装款式的人对音乐的兴趣比较高，喜欢直筒型服装的人对事业和政治的兴趣比较高。

第二，服装的颜色与兴趣的关系方面，喜欢橘黄色的人对音乐和文学的兴趣高，喜欢无色彩的人对政治的兴趣高，喜欢红色的人对运动的兴趣高。

第三，服装材质与兴趣的关系方面，喜欢粗糙面料的人对美术的兴趣高，喜欢柔软面料的人对社会服务等兴趣高，喜欢没有花纹的单色面料的人对运动和政治感兴趣，喜欢有图案面料的人对音乐感兴趣。此外，选择服装时，把颜色作为重点来挑选的人对音乐、美术等感兴趣，把材质作为重点来挑选的人对政治和事业感兴趣。

刘国联（2003 年）采用调查问卷法对 483 名在校大学生日常生活中的兴趣爱好对服装行为的影响进行了调查研究。结果表明大学生的兴趣爱好可以用享乐性、社交性、自立性、满足性、学习性和专一性 6 个因子表示，如表 3 - 4 所示。

表 3 - 4
大学生的
兴趣爱好因子

	问　卷　内　容
1. 享乐性因子	我很喜欢服装的报刊、杂志 最喜欢去练歌房唱歌 最喜欢与朋友一起去舞厅跳舞 我很喜欢青年的娱乐性报刊杂志 我喜欢参加各种文艺活动
2. 社交性因子	我喜欢参加各种体育活动 最喜欢与朋友一起去做登山等体育运动 我喜欢广交朋友 我喜欢加入学生会,当干部可以锻炼自己 我关心国家的时事政治,经常看新闻、报纸、杂志
3. 自立性因子	我喜欢与朋友一起去做事 我能经常关心帮助别人 我自己能够独立做家务 我喜欢与朋友一起喝茶、聊天
4. 满足性因子	我对现有的校园生活很满足 大学时代是我一生中最幸福的时期
5. 学习性因子	周末我仍然喜欢学习、做作业 周末去图书馆看书
6. 专一性因子	我喜欢自己一个人去做事 我学习的目的是为了找一份好工作

　　按照大学生的兴趣差异可以将他们分为孤独的学习型群体、消极型群体和享乐向上型 3 个群体,绝大部分大学生属于第一和第三群体。3 个群体的服装消费水平、服装选择标准、购买场所和价格需求的差异如表 3－5、表 3－6、表 3－7 和表 3－8 所示。总的来说,大学生们都比较重视服装的结实耐用、名牌和价位,对服装的选择标准和价格需求相似,并且喜欢具有多样价格水准的商店,不喜欢去集市和地摊买衣服。专心学习型群体对款式新颖大方要求不高,享乐向上型群体则对服装的价位不在意。消极型群体人数很少,许多方面都与大多数大学生不一样。

表 3 - 5
各细分群体的
个人服装消费
水平特征 人(%)

项　目		专心学习型 群　体	消极型 群　体	享乐向上型 群　体	总　　计
每月的服 装消费/元	20～50	54(69.2)	2(2.6)	22(28.2)	78(16.1)
	51～100	85(57.8)	4(2.7)	58(39.5)	147(30.4)
	101～200	95(57.6)	5(3.0)	65(39.4)	165(34.2)
	201～300	38(63.3)	3(5.0)	19(31.7)	60(12.4)
	300 以上	9(39.1)	1(4.3)	13(56.5)	23(1.4)

续 表

项 目		专心学习型群体	消极型群体	享乐向上型群体	总 计
买衣服数量/件	1~2	10(45.5)		12(54.5)	22(4.6)
	3~5	114(74.0)	3(1.9)	37(24.0)	154(31.9)
	6~8	98(60.9)	5(3.1)	58(36.0)	161(33.3)
	9~10	32(51.6)	2(3.2)	28(45.2)	62(12.8)
	10件以上	27(32.1)	5(6.0)	52(61.9)	84(17.4)

注：表中3个群体中的百分比是占同一消费水平总人数的百分比,总计中的百分比是占全体调查对象的百分比。

表3-6
各细分群体的
服装选择
标准差异

服装选择标准	专心学习型群体	消极型群体	享乐向上型群体
款式新颖大方	B	B	A
色彩和图案幽雅漂亮	A	B	A
面料质地好	A	B	A
做工精致	A	B	A
穿着舒适,活动方便	A	B	A
洗涤不受限制,护理方便	A	B	A
价位合理	A	B	A

注：表中字母A表示很重视,B表示重视程度较A次之。下同。

表3-7
各群体服装
购买场所差异

服 装 场 所	专心学习型群体	消极型群体	享乐向上型群体
具有多样价格水准的商店	A	B	A
集市、地摊	B	A	B

表3-8
各群体服装购买
价格需求的差异

服装购买价格	专心学习型群体	消极型群体	享乐向上型群体
1. 针织休闲小衫(化纤)	2.33	3.93	2.32
2. 休闲牛仔裤	3.22	4.20	3.46
3. 职业套装	5.03	4.87	5.53

注：此表中项目是按7分制赋分的(1：30元及以下；2：31~50元；3：51~100元；4：101~150元；5：151~200元；6：201~300元；7：301~500元)。如2.33表示购买服装的价格略高于31~50元。

　　还有学者关于服装兴趣的研究结果表明,25岁以下的年轻恋人比30岁以上的恋人对服装的兴趣高,收入低的人对服装的关注度也低。社会经济地位和受教育水平越是高的人,语言表达词汇越丰富,越是白领阶层对服装了解得越多。

有学者对家庭背景与服装兴趣关系的研究结果表明,20～30岁的女性对服装的流行和设计等兴趣高,特别对逛商店看衣服感兴趣,对制作服装和管理服装兴趣较低。学历越低对服装制作越是感兴趣,大学以上学历的女性对服装制作和管理很不感兴趣。反过来,学历越高对服装的社会心理性作用越是重视。收入和服装兴趣的关系方面,随着收入的增加,逛商店买衣服的兴趣也增加,但到了一定的收入水平后这种兴趣有下降的趋势。

以上就价值观、兴趣与服装行动之间的关系进行了说明,人们的一般性价值观、兴趣在服装行为中会以各种方式表现出来。

第三节 态度与服装行为

态度是指一个人对事物、对他人等的亲近感和厌恶感。例如,一个人表明"我喜欢女性化的款式,不喜欢像嬉皮士一样的牛仔装"的情感态度,进而还会具有"女性化款式看上去成熟、具有女性美,嬉皮士款式看上去不正经"的信念。因此,态度还会直接影响一个人的行动。例如,"我穿连衣裙或套装等正经服装,绝对不穿乞丐一样的嬉皮士服装"是对喜欢穿和不喜欢穿的服装的明确的态度和具体行为。

一、态度概述

1. 态度的基本含义

态度是社会心理学中的一个重要概念,是指一个人对某一特定事物、观念或他人的一贯的、较为固定的综合性的心理倾向。态度由认知、情感和行为倾向三部分组成。因此,态度的心理成分包括认知成分、情感成分和行为倾向成分。感情成分是态度的核心。

态度的基本含义包括如下方面:

① 态度是人们对事物、对他人的心理反应。自我意识是一个人对自我的一种态度。

② 态度是较为固定、较为一贯的心理反应倾向。只有那些长期形成的较为固定的反应才可能成为态度。

③ 态度是一个人在社会生活中后天获得的心理反应倾向。态度是人在意识出现后,经过情感的不断丰富、经验的不断积累后才逐渐形成的。

④ 态度是一种综合性的心理反应倾向。即有"我想……""我要……""我准备……"的作用,这种倾向性表示了心理指向性,或者说行为的准备状态。

⑤ 态度是行为的准备。一般来说,态度决定人的行为,与行为保持一致,但与行为有时并非是一一对应关系,在特定情况下会出现不一致。

⑥ 态度是以价值观为核心的心理倾向,价值观的不同会导致人们产生各种不同的态度。

2. 态度的基本特征

态度是一种复杂的心理现象,具有如下基本特征:

① 态度是人们综合性的心理过程。态度是在一系列心理过程基础上形成的,是对社交知觉、人际印象、社会情感、动机等心理过程的综合反应,是对这些过程整体性的心理反应。

② 态度的社会性。态度是一个人在一定的社会环境中以及与他人交往中形成的,态度一旦形成就会反过来影响人们的交往与社会生活方式。

③ 态度的针对性。尽管态度的对象是多方面的,但总是有所指的,是针对某一对象而产生的,没有对象的态度是不存在的。

④ 态度的系统性。由于态度是对一系列心理过程的综合统一,因而它具有心理过程的整合性,使认知、情感、动机、倾向等相协调一致。

3. 态度的构成

态度由认知、情感和行为倾向三部分组成。

① 认知。认知是指对态度对象所具有的知觉、理解、信念和评价。因此态度的认知常常是带有评价意味的陈述,即不只是对态度对象的认识和理解,同时也表示赞同或反对。如"着装对印象形成很重要",因此着装打扮受到重视。

② 情感。情感是指一个人对于态度对象的一种情绪体验,如喜欢牛仔装、讨厌过于透露的服装等。

③ 行为倾向。行为倾向是对态度对象的一种反应倾向,即行为的准备状态,也就是说态度具有完成某一种行为的倾向。因此,一个人的态度对其行为具有驱动性影响。如认为某一品牌的服装适合自己,就会去努力寻找并购买这一品牌的服装。

4. 态度的形成

人的态度与其他习惯一样,都是后天习得的。态度学习的主要机制有联想、强化、模仿。针对一个具体事物,态度形成的过程一般要经过模仿、依从、认同和内化几个阶段。

模仿与依从。态度的形成与改变开始于两种方式,一种是自愿的不知不觉的模仿,另一种是受外界压力的服从。

人们对他人的模仿其实就是对他人态度的认同与吸收。儿时父母是模仿对象,孩子为了模仿父母的形象,很希望穿着和父母相似的服装。随着年龄的增长,会去模仿不同的对象,如青少年喜欢穿着名牌运动服、运动鞋,达到模仿崇拜有名运动员的目的。

依从是指人们按照社会要求或别人的意愿而采取的行动。依从行为不是自己愿意这样做,而是迫于外界强制性的压力所采取的行动。但当这种被迫的依从形成习惯后,就会变成为自觉的服从,产生相应的态度。如军人穿习惯了军装后,会对军装产生一种特殊的感情,从心理上喜欢军装,这是很多军人离休、转业或退伍后,仍然经常穿着军装(不戴军衔)的原因。

认同。这一阶段,态度已经不再是表面的改变,而是自愿地接受心目中榜样人物的观点、信念,使自己的态度与他们相接近。认同可以是想象的,也可以是实际的。实际上,我们正是用其他社会角色的态度、观点等作为参照物,来指导我们自己的思想和行为。

内化。内化是态度形成的最后阶段。在这一阶段中,人的内心已经真正发生了变化。接受了新的观点、新的行为,并将其纳入自己已有的价值体系之内,成为自己的态度。这时态度就比较稳固,不易改变了。如上面说到的军人喜欢军装的态度就是从依从开始,到认同、内化而形成的。

儿童早期态度形成过程中,家庭、父母的影响主要体现在如下方面:

① 父母拥有奖励与惩罚权力。儿童如果想要得到他们所喜欢的东西,就必须得到父母的允许。当儿童对某一事物持有的态度或做出的行为是"正当"的时候,父母就会以微笑、赞扬或奖励的方式加以鼓励;而当儿童所持有态度或做为是"不正当"的时候,父母就用皱眉、规劝或训斥的惩罚方式加以阻止,甚至父母有时还会要求儿童做他们本来不想做的事。

② 父母控制着进入儿童头脑的大部分信息。例如,儿童想知道为什么骂人是不对的,偷东西是肮脏的行为,天是蓝的,鸟会飞等,就都要去问父母。虽然父母的解答未必全对,但是他们所给的信息,影响着儿童对周围事物态度的形成。

③ 父母帮助儿童建立起了相应的生活方式。一个人的生活方式是以早期所获得的信息为基础的,父母在形成态度上的影响力在于他们使儿童建立起了最初的生活风格。这种最初的风格不易改变。

5. 态度的改变

尽管态度是一种稳定的心理倾向,但它并不是一成不变的。态度改变既存在着可能性,也存在着必要性。态度改变过程一般由 4 部分组成:外部刺激、目标对象、作用过程及结果。

我们知道,促使态度改变的压力主要来源于个体原有的立场与传播信息者所支持的立场之间的差距,差距越大,促使改变的潜在压力也越大。一般来说,自尊心弱的人对自己的不足之处很敏感,不太相信自己,因而更容易被改变。

传播者的影响力取决于以下几个方面的因素:

① 专业程度:大量的实验证明,传播者的专长或权威对说服效果与态度改变有明显的影响。

② 可靠性:不论传播者的专业程度如何,听众是否相信这一点极为重要。

③ 受欢迎程度:人们会改变自己的态度,以便和自己喜欢的人保持一致。因此,任何能使人增加喜欢程度的因素都能使态度改变。

二、对服装的态度

人们的一般性态度会在着装中体现出来。对服装的态度根据人们的社会经济地位和职业的不同而不同。一般来说,中等收入群体比最上层和最下层经济收入群体对服装更为重视,城市里的人比农村人更重视服装。人们对服装的态度表现在对服装的审美性、承认性、注意集中性、心理依赖性、管理性和趣味性方面。

1. 审美性

审美性是指期望自己具有漂亮的外观,从而能使自己感到高兴的态度。服装审美性在服装选择中起重要的作用,一般来说青年时期人们对服装的美学方面最重视。有学者的研究结果表明,男女学生都认为审美性非常重要,个人对自己外貌的满意程度越高,对服装的审美性也越重视;收入和学历越高对服装的审美性也越重视。反之,审美性高的人对服装的个性表现也很重视。

2. 承认性

承认性是指期望自己的着装能获得他人的承认的态度。随服装穿着者的价值观念、信念和性格等的不同,对着装的被承认性的重视程度也不同。政治性价值观高的人、男性一般都是想通过服装象征自己的身份,持有特殊目的的人期望通过自己的服装使自己的权力和职位得到承认。一般来说,各个国家元首们在参加特殊活动时总是以与他人不同的服装来表现自己的地位,当然这也与礼仪性有关。

有研究结果表明,青年时期的着装与朋友交往中的亲和力有密切关系,他们的着装在获得同龄人的承认方面有重要的作用。这种对服装的承认性的态度还随时代的不同而不同,19世纪末20世纪初,西方富人阶层为了象征自己的富贵,希望能够在着装上充分表现出来,现代人则非常重视获得所属群体的承认性,即使是事业有成的富有者也很难在着装上看出来。

3. 注意集中性

注意集中性是指希望通过着装得到他人的注意的态度,人一生中的青年时期对此是最重视的。青年时期有想要向他人显示自己的身材的"注意集中倾向",穿着服装的动机是要强调自身漂亮的部分,吸引他人的视线。有研究结果表明自信感高的人有通过服装使他人对自己的注意力集中的倾向。一般来说,男学生有喜欢穿着和朋友相似的服装的趋势,女学生有穿着个性化服装来吸引他人注意的倾向。

4. 心理依赖性

我们每个人都有穿着不同的服装所产生的心理性感情状态变化的体验。即好的服装会使人感到心理上的愉悦。这种心理上的变化一般女性比男性更明显。有研究结果表明,青年期因为没有合适的服装穿着而不能参与社会活动时,会产生一种罪责感和精神上的压力。一个人如果对自己的着装满意会心情愉快。

5. 管理性

管理性是指对经济方面的实用性态度,一般来说年龄越大管理性态度越明显。一般中老年人对服装的管理性很重视,青年期则把服装的管理依托给他人,因而自己对服装的管理性态度低下。一般来说,妈妈们对服装制作、修补等很重视、很关心,而子女们对服装的管理性几乎不在意。现代的女大学生们很重视选择服装的款式、合体程度和色彩,对服装的结实耐用和管理容易等基本不关心。

6. 趣味性

对服装的趣味性一般来说是指包括对服装设计、制作等感兴趣的态度。与一般的态度一样，对服装的态度也是变化的。态度随信念和价值观的不同而不同，就是说对服装的态度也是随某种因素的变化而变化的。

人们对服装的态度的变化经常表现在采纳流行的过程中。如对非常否定的超短裙，自己不知从什么时候开始也进入了喜欢的行列、讨厌漂亮色彩服装的中年女性突然间愉快地穿起了高级华丽色彩的服装等现象说明了人们内心产生变化的同时，对服装的态度也发生了变化。

一般通过电视、报纸、杂志等媒体的宣传，通过广告、受教育水平、社会经济水平及年龄和身材及健康状态的变化等，人们的信念与价值观会变化，对服装的态度也随之发生着变化。另外，人们重视服装的态度随性别、年龄等的不同也会不一样。

三、研究实例

1. 大学生的服装态度

刘国联等（2000 年）采用问卷调查法，对辽宁地区的 540 名在校大学生进行了服装态度与服装购买行为调查研究。

服装态度的问项内容包括服装的夸示性、流行先导性、性魅力和协调性等，共 33 项。服装购买行为的问项内容包括服装的购买动机、服装情报来源、服装购买场所选择等，共 37 项。

应用统计分析中的因子分析方法进行分析，服装态度可以归纳为服装流行性、性魅力、协调性、重要性、心理依赖性、自信感、身份象征性、显示性和追随性 9 个因子，并根据服装态度的不同可以将大学生分为时尚型、随意型和追随型 3 种类型，如表 3 - 9 所示。

表 3 - 9
服装态度不同的各类大学生着装态度特征

服装态度因子	时尚型	随意型	追随型	F
1. 流行性	0.397 7	0.008 5	−0.216 7	11.70***
2. 性魅力	−0.586 6	0.189 5	0.033 2	21.65***
3. 协调性	−0.371 5	−0.153 04	0.407 9	25.99***
4. 重要性	0.184 3	0.143 2	−0.297 7	12.35***
5. 心理依赖性	0.369 7	−0.132 7	−0.002 0	8.58***
6. 自信感	0.262 5	0.020 0	−0.163 4	5.58***
7. 身份象征性	0.534 8	−0.060 9	−0.188 7	17.51***
8. 显示性	0.945 6	−0.423 6	0.114 0	84.33***
9. 追随性	−0.145 2	−0.517 1	0.807 4	140.98***
人数 名(%)	20(3.8)	479(93.4)	14(2.7)	513(100.0)

说明：1. ＊＊＊——各类型间在 0.001 水平上存在着显著差异。
2. 表中数值为因子得分。

随意型的大学生对服装态度大部分因子都不关心,虽然对服装的性魅力比较重视,对服装的流行性、重要性、自信感因子的重视程度一般,总体上看这类大学生对着装不大关心。值得注意的是,这类大学生人数很多,占总人数的93.4%,说明北方大学生大部分仍然保持着朴素的传统着装观念。这与地方经济的发展状况、大学生所处的环境有关。

时尚型的大学生除对服装协调性、性魅力和追随性不重视外,对服装的流行性、重要性、心理依赖性、自信感、身份象征性和显示性都极为重视,他们是追求个性化的流行时尚追求者。这一类型人数虽然不多,仅占总数的3.8%,但他们对流行时尚特别敏感,有较强流行意识,对服饰打扮态度积极、充满自信,是大学生中的流行先驱者。

追随型大学生对服装的协调性和追随性很重视,特别是对追随性特别重视,属于紧跟流行趋势的类型。这类大学生的比例不大,占总数的2.7%。

进一步分析结果表明,上述三类大学生在服装购买动机和情报源应用方面无显著性差异。在购买场所方面追随性大学生比较喜好集市、地摊,时尚型与随意型大学生之间没有明显区别。

在选择标准方面,时尚型大学生对服装的品质和穿着方便性极为重视,随意型和追随型大学生对服装的品质和穿着方便性也比较重视。但三类大学生对流行性的重视程度都不如服装的品质和穿着方便性,而且三类大学生对流行性的态度无显著性差异。

2. 老年人的服装态度

刘国联、张莉等(2000年)对东北地区的老年人的服装态度进行了研究。结果表明老年人的服装态度由7个因子构成,如表3-10。

表3-10
服装态度问项
的因子分析

因　子	问　项　内　容
1. 追求时尚性	1. 价格贵我也要买有名商标的服装 2. 我很重视商标选择,以提高穿衣的品位 3. 我买衣服时努力寻找最流行的款式 4. 尽管穿起来不方便我也要买款式好的服装 5. 花同样的钱,我宁愿买一件有名商标衣服,也不会去买没名的几件衣服 6. 我常去商店看看最近的流行款式 7. 有名商标的服装虽然贵,但物有所值 8. 我喜欢穿看上去与别人不同的服装 9. 我喜欢穿能提高品位的服装
2. 着装讲究性	10. 我喜欢反映自己的个性和形象的服装 11. 我喜欢买与现有的衣服能搭配穿的服装 12. 我喜欢看上去年轻的服装 13. 我喜欢看上去稳重成熟的服装 14. 我不穿流行过的服装 15. 我努力给他人留下着装讲究的印象

因 子	问 项 内 容
3. 经济实用性	16. 我喜欢穿别人感觉顺眼的服装
	17. 一般我要把有名商标的服装店都去看过后才买服装
	18. 一般我都买各个季节都能穿的服装
	19. 我喜欢买宽大的服装
	20. 我喜欢穿有魅力的服装
	21. 服装的面料和做工仔细看过后才买衣服
4. 方便舒适性	22. 与款式相比,我更喜欢买穿起来舒适的服装
	23. 我喜欢买穿起来方便的服装
	24. 我买衣服要先检查缝制质量后再买
5. 面料重要性	25. 我认为与款式相比,面料更重要
	26. 穿有名商标的服装会产生一种自信感
6. 管理方便性	27. 我不买不能水洗的服装
	28. 价格不合适的服装我不买
	29. 我不买容易起皱,并且一定要熨烫的服装
7. 实用价廉性	30. 不到衣服减价时我不买

根据老年人的服装态度的不同可以将他们分为 5 种类型,如表 3-11 所示。

表 3-11
五个群体服装
态度方差
分析结果

因 子	第一群体	第二群体	第三群体	第四群体	第五群体	平均值	F
追求时尚性	3.65A	3.09B	2.73C	1.92D	2.00D	2.68	12.92***
着装讲究性	3.93A	3.39B	3.74A	2.67C	2.83C	3.31	79.86***
经济实用性	2.91B	3.40A	3.34A	2.86B	2.61B	3.02	49.57***
方便舒适性	4.24A	3.53B	4.18A	3.41B	4.04A	3.88	46.78***
面料重要性	2.15B	3.76A	3.81A	2.30B	3.51A	3.10	28.80***
管理方便性	3.92A	3.48B	3.16C	2.53D	3.73AB	3.36	9.60***
实用价廉性	3.71A	3.31B	1.68C	1.52C	1.41C	2.32	38.59***
人数名(%)	17(5.4)	35(11.1)	69(22.0)	69(22.0)	124(39.5)	314(100.0)	

注:1. 表中数值为 5 分量表法得分,数值越大态度越肯定。
   2. ***——各类型间在 0.001 水平上存在着显著差异。
   3. A、B、C、D——用 Duncan 法进行均值多重比较检验的结果。

从平均值看,方便舒适性的值最高,说明总体上老年人对服装的方便舒适非常重视,其次是管理方便性和着装讲究性。但是他们不大追求时尚性,也不需要价格低廉的服装。

进一步观察各个群体之间的区别,可以看出:

第一群体对服装的方便舒适性、追求时尚性、着装讲究性、管理方便性和实用价廉性都非常重视,属于时尚型群体。这一群体的人数只占调查对象的 5.4%,是老年人中的极少数。

第二群体则刚好与第一群体相反,他们非常重视服装的面料和经济实用性,同时也比较重视其他因子,这一群体的人数也比较少(11.1%),但属于着装修养比较高的务实讲究型群体。

第三群体的特点是对着装讲究性、经济实用性、方便舒适性和面料重要性等都非常重视,对其他因子都不在意,属于重视穿着品位的群体,人数比例为22.0%。

第四群体则是对服装不关心群体,比例也为22.0%。

第五群体是人数比例最大的群体,占39.5%,他们的特点是重视服装的方便舒适性、面料重要性和管理方便性,对经济实用性也比较重视。他们不追求时尚和品位,但对价廉的服装也不关心,属实用型着装群体。

总之,随着经济水平的提高,老年人对着装越来越重视。少数时尚型群体(第一、第二群体)追求时尚、讲究着装,也很注重穿着舒适、管理方便。大多数老年人(第三、第五群体)最重视的是服装的舒适性、管理方便性、经济实用性,对面料也很重视。但也有一部分老年人对着装持不关心的态度。

思 考 题

> 叙述价值观的含义。
> 我国人们的消费观念包括哪些?
> 论述人们的服装价值观念随时代和生活方式的变化会发生哪些变化?
> 人们的兴趣如何分类?有何特征?
> 人们对服装的兴趣表现在哪些方面?
> 人们的兴趣如何影响服装购买行为?
> 态度的基本含义包括哪些?有何基本特征?
> 态度由哪些方面构成?是如何形成与发展的?
> 人们对服装的态度表现在哪些方面?

第四章　服装认知

个体是怎样获取服装知识的？为什么我们能区分各种服装的款式和颜色，还能说出各种服装的名称，并对服装留下的印象形成自己的判断？这些问题的回答涉及心理认知。个体获取与应用知识，将依赖于他的一系列心理过程，如知觉、注意、学习、记忆、推理、思维、决策等，这些心理活动总称为认知。

第一节　服装认知概述

服装的认知是一项复杂的心理活动，涉及对服装的感觉、知觉、记忆、想象、思维和语言等活动的加工处理，如图 4-1 所示。简单地说，这项活动主要包含了感觉历程、知觉历程、认知模式的选择和动作的反应是一种信息传递与处理过程。当人们受到服装刺激时，首先透过感官的感受器将信息传导到大脑中枢，为感觉历程；接着以感觉为基础形成心理表征，大脑中枢辨认出服装刺激，为知觉历程；然后开始进行由感官刺激后的心理作用，这其中牵涉到人们如何注意辨识以及由记忆中提取资料而形成知识记忆，最后作出决策与反应的心理过程。

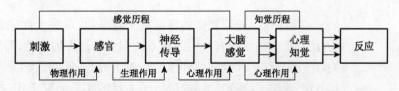

图 4-1　从刺激到反应的认知过程

此外，在服装认知过程中，一方面依赖于感觉器官直接输入的信息，如服装刺激的强度及其时空的分布；另一方面依赖于人的记忆系统中所保存的信息，即个体已有的服装知识经验或图式。因此，在服装的认知中，存在两种加工方式：当人脑对服装信息的加工处理直接依赖于刺激的特性或外部输入的感觉信息时,这种加工叫自下而上(Bottom-up)的加工或数据驱动加工;当人脑对信息的加工处理依赖于人已有的知识结构时,这种加工叫自上而下(Top-down)的加工或概念驱动加工,如图 4-2 所示。

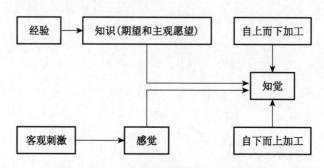

图 4-2　服装认知的加工方式

现代认知心理学研究发现,一般情况下,在认知事物时,既存在自下而上的加工,又存在自上而下的加工,这两种加工方式之间存在着密切的联系。当然,随着人们面临的任务不同,参与完成任务的认知活动不一样,两种加工方式的相对重要性就会发生变化。如在辨别两种颜色时,自下而上的加工可能显得更重要;在感知我们的国旗颜色时,就可能更依赖于自上而下的加工了,因为人们总认为国旗是红的,无论它处于什么条件下。在信息加工的不同阶段上,两种加工的相对重要性也可能不同。在信息加工的早期阶段,自下而上的加工显得更重要。而在信息加工的后期阶段,自上而下的加工可能更重要。

服装包含着色彩、款式、比例、触觉等大量的感觉信息,通常它们各自成为一个相对独立的信息源。在服装认知中,个体通过感觉收集各种信息,经过编码和选择的信息经过大脑的整合,最后输出结果,于是就有了对服装的知觉。

第二节　知觉的特征

一、知觉的心理特征

知觉不仅与外部刺激的特征有关,同时也取决于此刺激与周围环境的关系,还与个人的状况有密切的联系。知觉与过去的经验、需要及感情等因素有关,是一种复杂、综合的感性体验。德国的"完形心理学派",即"格式塔"(Gestalt)心理学派,在知觉领域进行了大量的实验研究工作,他们强调整体并不等于部分的总和,整体乃是先于部分而存在的,并制约着部分的性质和意义。他们从整体出发,对知觉模式提出了许多原则。

1. 图形与背景

在一定的视野范围内,有些视觉对象突现出来形成图形,有些对象则退居到衬托地位而成为背景。人们总是把视野中具有图形特征的部分分离出来作为知觉对象,而把其他部分看成背景。刺激的不均匀性是产生图形知觉的条件,图形如果是比较明显的部分,就容易引起注意,而如果图形的轮廓不明显,就不为人们所注意。如图4-3所示,如果以图形的边框为背景,则图形是橄榄掉进杯子里,如把整个图形以外的区域作为背景,则图形构成穿裤衩的人。在一般情况下,图形和背景往往是可以区分开来的,并且区分度越大,图形就越易突出而成为我们的知觉对象。例如,置身于南极雪地或荒芜沙漠的科考

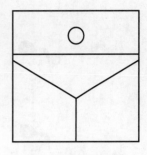

图4-3　形象和背景

队员,常常穿鲜艳的红色衣服,目的是和背景形成对比,便于被发现。但在有的时候,图形和背景的区分度较小,图形就不易被识别出来,例如军事上的迷彩服就是利用这一原理进行伪装的。

2. 知觉的相对性

知觉个体是根据感觉所获得的资料而作出的心理反应,代表了个体以其已有的经验为基础,对环境事物的主观解释。由于个体差异,不同的人对相同的感觉会有较大的知觉差异,故知觉经验是相对的,而不是绝对的。在一般情形下,当我们在对一个物体形成知觉时,物体周围其他刺激势必影响我们对该物体所获得的知觉经验。例如,当你看到绿叶丛中一朵红花时,在知觉上它与采下来的一朵红花是不一样;又如同样款式和花色的衣服穿在胖、瘦、美、丑不同人的身上,知觉是不同的。

知觉的选择性

我们用感觉器官获取信息时,并不是对环境中所接触到的一切刺激特征全部照收,而是带有选择性的。以生理为基础的感觉尚且如此,纯属心理作用的知觉经验,其对知觉刺激的选择性更可想而知。知觉的选择性在心理反应上的表现主要有两种方式:

① 同一知觉刺激,如果观察者采取的向度不同,则产生不同的知觉经验。如图4-4所示,要看到是什么图形,关键在于我们从哪个方位进行观察,当我们把书倒过来看时,图形就变成另一种意义了。

② 同一知觉刺激,如果观察者所选取的焦点不同,则可产生不同知觉经验。如图4-5所示,当从图形的第一行左端往右端方向看起,或从第二行的右端向左端看起时,就会有

图4-4　向度引起的知觉相对性

男子的头和女子的身体之差别;如图4-6所示,当我们在看这个图形时,我们会从这一图形的某一着眼点捕获感觉,来形成一个知觉解释的依据。由于不同的人选取的点有差异,所以,人们会看出少女和老太太这两个截然不同的两个图形就是顺理成章的事了。

图4-5 焦点引起的知觉相对性(1)　　　　图4-6 焦点引起的知觉相对性(2)

3. 知觉的整体性

所谓知觉的整体性,是指超越部分刺激相加之总和所产生的一种整体知觉经验。单个刺激对象必须在整体形象中,才有意义。例如一个女子的眼睛或鼻子长得漂亮,她未必就是一个美人。因此,包括多种刺激的情境可以形成一个整体知觉经验,而这整体知觉经验,并不等于各种刺激单独引起知觉之总和。

① 超越部分刺激相加之总和所产生的一种整体知觉经验。图4-7是由一些不规则的线和面所堆积而成的。可是,任何人都会看出,此图有明确的整体意义。图形是由四个黑色的3/4圆和四条黑短线条构成,然而我们分明能看到一个白色的正方形出现。像这种刺激本身无轮廓,而在知觉经验中却显示"无中生有"的轮廓,称为主观轮廓。

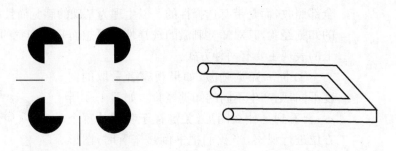

图4-7 知觉的整体性(1)　　　　图4-8 知觉的整体性(2)

② 观察图形一部分所得知觉都是清楚明确的,但将图形作为整体知觉刺激看,就不明确或不合理。对图4-8来说,遮住右边看,是三根圆柱,很明确。遮住左边观察,无疑是一个马蹄铁。但如果无任何部分被遮盖,则看不出是一个什么东西。像这种无法获得整体知觉刺激的图形,叫无理图形。知道这一原理后,我们就不难理解一套高级西服和一双名牌旅游鞋穿在一起为什么那么别扭,那么让人无法接受。

4. 知觉的恒常性

从不同的角度、不同的距离、不同明暗度等情境中,观察某一熟知物体时,虽然该物体的物理特征（大小、形状、亮度、颜色等），因受环境影响而有所改变，但我们的知觉经验却有维持不变的心理倾向。像这种因外在刺激随环境影响已经改变特征，而在知觉经验上却维持不变的心理倾向，称之为知觉恒常性。

（1）大小的恒常性

同一物体在视网膜上构成影像的大小，常因所观察物体距离远近发生改变，但根据视觉经验，有维持不变的心理倾向，称为大小恒常性。如远处的成人和近处的儿童在人的视网膜上成像时，成人的图像完全有可能比儿童的图像小，从物理的角度来说，我们看到的成人就应该比儿童小，但在我们的潜意识里，仍然认为成人大，儿童小。

（2）形状的恒常性

当我们坐在长方形的黑板面前上课时，坐在教室不同的位置上，长方形的黑板会变成梯形或其他的形状，这一形状的变化，在眼睛的网膜上随时都能反映出来。但知觉上却保持不变，总认为黑板是长方形的。像这种在心理上保持物体形知觉不变的现象，成为形状的恒常性。

（3）颜色的恒常性

很多物体本身带有固定的颜色，如我们穿的服装就有各种各样的颜色。物体之所以呈现各种颜色，那是因为物体对自然光具有不同的反射能力。但物体对光的反射，与该物体所处的环境有关。物体在光亮的环境中，对光的反射多，其原来的颜色也就明确；当物体在阴暗的环境中，对光的反射少，其原来的颜色也就不清楚，甚至显不出它原来的颜色。例如，透过墨镜看周围的物体，在视觉上所见到的物体颜色就和原来的不一样。但我们已经建立了以心理作用为基础的知觉经验，透过墨镜我们仍能识别出各种颜色。又比如，无论是白天黑夜、中午黄昏，晴朗阴雨，在我们的脑子里，红旗总归是红的。像这种不因物体环境改变而保持对其颜色知觉不变的心理倾向，称为颜色恒常性。

颜色的明度也有恒常性。一件灰色服装和一件白色服装放在一起观察时，不用怀疑灰服装呈灰色，白服装呈白色。这是因为灰与白两色的明度不同，构成了不同的视觉刺激，从而依赖于生理器官，获得了视觉经验。但如果将灰色服装置于阳光下，而白色服装置于阴影中，从物理光学上看，此时两件服装在明度上虽然各自有所改变，但知觉经验告诉我们，灰色服装仍然是灰色，白色服装仍然呈白色，而且我们也不会将灰色服装和白色服装搞错。显然，这主要是心理现象，而不是物理现象。

知觉恒常性的形成离不开已有的经验、认识在大脑中形成的印象。换言之，没有获得的深刻经验，就谈不上有知觉的恒常性。但经验有时是靠不住的，所以知觉的恒常性是有一定限度的。当距离、光度等变化太大时，恒常性将受到破坏。例如，在舞台上，当在耀眼的有色灯光照射下，整个舞台都呈现出黑色和灯光的颜色，舞台服装往往又是临时的，我们对它无经验可言，所以演员的服色可能就无法分清，而只有在白光源中，才能确定其真正的颜色。

第三节　知觉的组织原则及在服装上的应用 ....

在知觉过程中,将服装的感觉资料转化为心理性的知觉经验时,要经过一番主观的选择处理。但其处理过程是按一定的方式进行的,具有一定的组织性和逻辑性。按照"完形心理学"的理论,知觉的组织过程有以下的一些原则。

一、类似原则

在知觉范围内有多种刺激物同时存在时,若各刺激物某方面的特性(如形状、颜色等)相似,则在知觉上易倾向于同一类。如图4-9所示,在由相同形状组成的方阵中,我们一眼就能认出一个"工"字形,显然是由于组成这个形的颜色相同造成的。在服装的知觉中,品质相同或相似的元素易被组织成整体。如在套装的襟边、领部、袖口、口袋边、裤脚边、裤侧缝、下摆等部位用相似的面料、色彩肌理和图案装饰,就会使服装既有变化,又构成完整的统一,如图4-10所示。

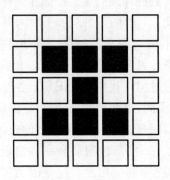

图 4-9　类似原则　　　　　　图 4-10　类似原则应用

二、接近原则

在空间上接近的部分容易被感知为一个整体。如图4-11所示,由于上下的方格比左右的方格距离近,所以上下的方格很容易组成整体,因此,我们首先会认为这些方格构成了五列。这一原理常被用来创造一种视觉的整体倾向,如服装上密密麻麻的钮扣,就充分利用了人的知觉的邻近性原则。尤其当扣子的质地、颜色与服装形成对比时,更容易被感知为一个整体,形成节奏

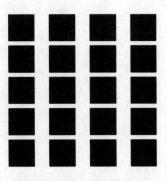

图 4-11　接近原则

和秩序感,达到一种装饰效果。在服装上,当钮扣连续排列起来时,视线就从一个钮扣移向另一个钮扣,形成了连续的线,如图 4-12 所示。

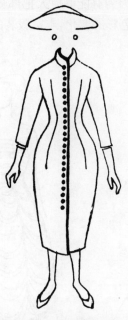

图 4-12 接近原则应用

图 4-13 接近原则(1)

图 4-14 接近原则(2)

三、闭合原则

有封闭轮廓的图形比不完全的或有开口的轮廓图形更容易被感知为整体。图 4-13 按照接近原则,相邻的每两条竖线形成了整体,但图 4-14 经封闭后,形成了三个类似长方形的图形。在服装上,不同面料的材质、图案或色彩间的组合关系形成不同的封闭或开放图形,给人的知觉造成一定的影响。完整的封闭的图形易于形成良好的、完整的感觉,刺激较弱,否则由于刺激强度大、刺眼、易混乱,导致视觉不适感,如图 4-15 所示。

四、连续原则

有良好的连续倾向的图形容易组成整体。人的视觉易于将连续的图形感知为统一的整体。我们一般会把图 4-16 看成一个完整连续的图形,不大可能把这一图形分开来看成是多个波形。由此可知,知觉上的连续法则所指的"连续",未

图 4-15 封闭图形

必指事实上的连续,而是指心理上的连续。知觉上的连续法则,在服装上应用比较广泛,即使面料、色彩或构成形态发生了一些变化,但仍使人觉得服装的整体较好,如图 4-17 所示。因为有能够使人把部分知觉为整体的因素存在,这种法则能形成更多线条或色彩的变化,丰富服装的内涵。

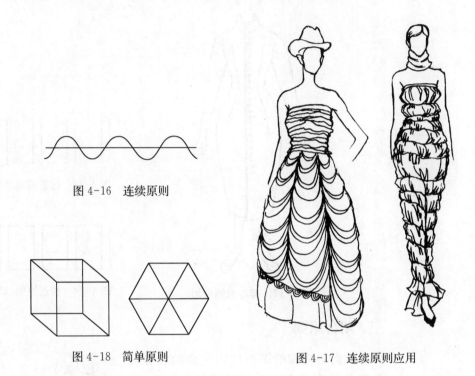

图 4-16　连续原则

图 4-18　简单原则

图 4-17　连续原则应用

五、简单原则

人的视觉具有高度的概括能力,具有把图形知觉化为简单图形的倾向。正是由于人的知觉具有简单化的倾向,才使很多复杂材料组织在一起的服装有整体感,而不觉得零碎。如图 4-18 所示,我们在看右边的图形时,很容易将其解读为一个六边形,不大认为它可能是与左边一样的立方体。服装的款式、材料和色彩的运用如果简洁的话,那么服装的整体感就强,紧凑而不零乱,这也是现代人所坚持的服饰观。

第四节　错觉及在服装上的应用 ··································

通过前面的了解,我们已经知道,知觉经验虽然是由被知觉物本身和环境的刺激所引起,但知觉经验中对客观性刺激物所作的主观性解释,和真实性相对照却有一些偏差。因此,在知觉心理学上,对此种完全不符合刺激本身特征的失真或扭曲事实的知觉经验,称为错觉。到目前为止,对引起错觉的具体原因还没有一个确切定论。但从大体上来看,引起错觉的原因有来自外部刺激和对象物上的物理性错觉,有来自感觉器官上的感觉性错觉,也有来自知觉中枢上的心理错觉。

利用错觉将着装者的缺点加以掩盖,是一个较为明智的选择。如一些人在向胖人介绍如何穿衣打扮看上才会显瘦时,免不了会叫他穿深色的、竖条纹的、无花纹或碎花图案的、款式不要太紧的、面料不要过于蓬松的、上下协调一致等特点的服装。这里就涉及错觉的利用问题。为达到理想的服装效果,可以混合使用多种错觉。但要注意的是,错觉的产生是受一定范围、一定条件限制的,因此在具体运用时,一定要做具体的分析。

错觉有很多种,视觉、听觉、味觉、嗅觉等所构成的知觉经验,都会有错觉。视错觉又可具体分为长度、大小、曲变、对比等。但就服装来说,是凭眼睛所见而构成失真的或扭曲事实的知觉经验,所以下面我们就视错觉的现象加以讨论。

一、对比错觉

同样大小、长短的形态,由于周围环境的影响,使其大小发生错觉的现象。如图 4-19 所示,中心的两个圆是一样大的,由于其周围存在的圆有的比它大,有的比它小,所以感觉左边的圆要比右边的圆小。

这一原理在日常生活中的许多地方都有运用,如舞台两边的柱子做得特别粗大,就是要让观众觉得舞台小,不至于使舞台显得空旷,演员显得渺小。在服装上也是如此,比如有的人的脸形特别大,如果再配以小领子,效果一定会很糟糕,如图 4-20 所示。

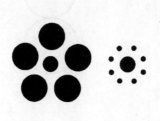

图 4-19　对比错觉

图 4-20　对比错觉实例

二、分割错觉

指图形经分割以后,会发生错视的现象。图 4-21 中的 A 是正方形,B、C是在 A 的正方形内分别进行纵向和横向分割而成的图形,我们可以看出,B有左右增宽,C有上下拉长的现象。日常生活的常识告诉我们,胖人宜穿竖条纹图案的服装,瘦人宜穿横条纹图案的服装,实际上,这一常识是错误的,近年的许多研究发现,穿横条纹的服装并不会使着装者显得更胖。这也说明错觉的产生是一个极其复杂的问题。其实,我们研究的错视都是在理想化的平面上进行的,胖人穿竖条纹的衣服好看不好看,关键还要看服装本身的款式、分割的形式、条纹的疏密和宽窄等。

图 4-21　分割错觉

三、垂直线与水平线错觉

两条长度和粗细一样的直线,如果一条被垂直放置、而另一条被水平放置时,就会觉得垂直线比水平线长,垂直线比水平线细,如图 4-22 所示。这可能与人的眼睛的视域特征和人生活在重力场的环境下有关。如果垂直线越短,水平线就显得越长。这种错视原理在生活中也有较多的运用,如我们的文字要写得横细竖粗,看上去才舒服。服装的底摆宽度越大,人就显得越矮,如西方宫廷中的大撑裙的使用,使得女性比较矮,作为弥补,高跟鞋也跟着时髦起来。

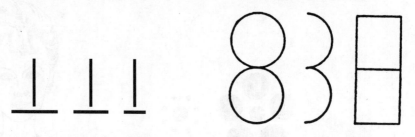

图 4-22　垂直线与水平线错觉　　　　　图 4-23　上部过大错觉

四、上部过大错觉

图形要上小下大,看上去才舒服,如果上下一样大,我们就觉得上面的一部分大了,如图 4-23 所示。在生活中,头大肩宽的人显得矮,也是这个道理。这就是上部过大的错视现象。人的视觉中心要高于被视物体的几何中心,所以才会造成上部过大的错视。其实,我们在生活中一直运用这个原理,如我们知道写字时要注意上紧下松,穿衣时要把腰线提高。

五、曲变错觉

在其他因素的影响下,线段发生曲率变化的现象,称之为曲变错视。在环境因素的影响下直线好像变弯了或者不平行了,如图 4-24 所示。除了直线能发生曲变外,曲线也能发生曲率变化,这一现象称为曲线曲变,从图 4-25 左边的弧线看,上面的似乎比下面的曲率大,线条弯的更厉害。这一现象可在服装设计中运用,当需要曲线效果明显时就该用上者。

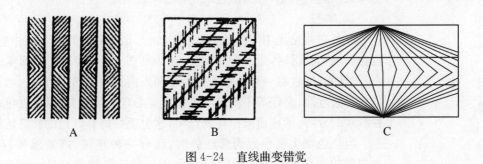

图 4-24　直线曲变错觉

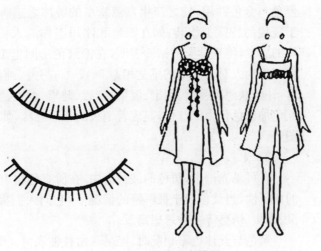

图 4-25　曲线曲变错觉

第五节　服装色彩心理与认知

作为服装感知的重要因素,色彩能在不知不觉中左右我们的情绪、精神及行动,反过来,我们也能通过色彩来表达感情。人们对服装色彩的心理是复杂的,要正确理解和运用色彩,我们就必须要了解色彩心理知识。对服装设计师来说,利用服装色彩心理,能在服装设计中正确、清晰地表达设计意图。既然色彩心理是由视觉反应引起的知觉感受,那它就必然是主观的、不固定的。因为它要受到观察者的年龄、性格、经历、风俗、文化、艺术修养等多方面因素的制约,同时又与社会环境紧密相联。因此,面对同样的一个服装色彩现象,不同时代、不同地区的人,有着不同的认识和喜好。从这个角度讲,色彩心理是一个复杂而又微妙的问题。

一、不同色相的情绪

人类生活在各种颜色环境中,这些颜色对其情绪产生了重要的影响。激起了人类的情绪感受,如兴奋、热情、平静等。我们把这些来自单色或混合色的刺激激起的情感,称为颜色的情绪。

1. 红色

红色在可见光中波长最大,在视觉上形成一种迫近感与扩张感。通常,红色在高饱和状况时,最富有刺激性,给人活泼、生动和不安的感觉。红色性格强烈、外露,饱含着一种力量。它能够向人们传递出热烈、喜庆、兴奋、革命、激情、残酷、危险、希望等不同的心理信息。心理学家研究表明,红色有刺激肾上腺激素的分泌、加速血液循环的作用,这也正好解释红色的性格特征。

当红色加上蓝色成为紫红色时,就有一种神秘、高贵感和权威性,如红衣主教的服色是红得发紫的权力象征。当红色加黄趋向于橙色时,由于比红色明度高,显得活泼,具有富丽、辉煌的感情意味。古代皇宫及寺院常将橙色与金色并用,使之产生富丽堂皇的装饰之感。橙色是如此亮丽,也被用于现代的特殊工作装,如在雪地和冰川工作的人们。橙色给人十分温暖、炽热的感觉,物理学家的试验表明,在橙红色房间里工作的人,比在蓝绿色房间里工作的人对于温度的感觉相差5~7 ℃;另外,纯红色加白色淡化为粉红色时,让人联想到爱情、甜蜜、温情、雅致、健康、娇柔、愉快等积极的色彩内涵,纯红色加黑色化为深红色,显现着消极的色彩意味,如悲伤、烦恼、苦涩、嫉妒、枯萎等。

2. 黄色

在可见光谱中,黄色的波长居中,在所有色相中最明亮。它具有非常宽广的象征性,当黄色处于最鲜艳的情况下,它向人们揭示出快乐、光明、纯真、活泼、高贵、诱惑等多种思想寓意。

黄色与其他色彩相配时,能呈现出各种表情。例如,白底上的黄色使人觉得惨淡无力;黑底上的黄色具有积极、强劲的表现力;红紫色底上的黄色是一种带着褐色味的病态色;蓝色底上的黄具有温暖、辉煌的特性,由于处于对比位置,故在效果上显得生硬、不调和;红色底上的黄色是一种欣喜的、大声喧闹的颜色。

黄色多用于运动服及童装上。黄色常与黑色相搭配,起到警示作用。但因黄色缺乏重量感,所以在服装配色中适合以搭配色或点缀色的形式出现。

3. 绿色

绿色刺激性不大,故此对人的生理作用及心理反应均显得非常平静温和。绿色蕴涵着和平、生命、青春、希望等情感特征。例如,绿色象征意味中使用最广泛的词汇是"和平"与"安全"。作为和平使者的邮递员,如同白鸽衔着橄榄枝来往于人们之间,所以,邮政系统中的职业服装、邮车、邮筒等都以橄榄绿作标志色。

4. 蓝色

蓝色在可见光中波长较短,仅次于最短波长的紫色。蓝色属于收缩的、内向的冷色。蓝色具有空间感,使人联想到广阔无垠的天空、一望无际的海洋。饱和度高的蓝色标志表现理智、深造、博大、永恒、真理、保守、冷酷等。蓝色是天边无际的长空色,同时又使人联想到深不可测的海洋,表现出沉静、冷淡、理智、博爱、透明等特性。

蓝色与其他色彩搭配,也显示出千变万化的个性特征。黄色底上的蓝色具有沉着自信的神态;绿色底上的蓝色因两者色性贴近,显得暧昧消极、无所作为;淡紫色底上的蓝色呈现出空虚、退缩和无能;红橙色底上的蓝色,效果鲜亮迷人;黑色底上的蓝色焕发出亮丽的色彩本质。

就蓝色的色性来看,因其丰富的内在性和高度的稳定性,在服装色彩设计中被广泛地应用。同一种蓝色在不同材料上产生迥异的视觉效果,如蜡染、蓝印花布给人质朴、平实之感,蓝色的皮革给人以冷艳之感,而同样的蓝色亮缎则给人华贵、典雅的感受。中国是爱用蓝的国家,可能因为蓝色性情冷静,又比较适合于中国人的黄色皮肤的缘故,从古到今的服装都多蓝色。蓝色服装可以使文人显得清高,让老年人显得高尚、稳重,让年轻人则显得保守、谨慎。因此,流行于全球,被年轻人钟爱的牛仔服也基本使用蓝色。

5. 紫色

紫色的光波最短,明度和注目性最虚弱。紫色由红、蓝两色构成,由于红色强烈兴奋,蓝色冷静沉着。综合两者的特点,紫色具有矛盾的性格,从而产生一种神秘感。通常,饱和度高的紫色表现出高贵、神秘、压抑、傲慢、哀悼等心理感受。在紫色接近红色时,会呈现娇艳、甜美的心理感觉;紫色倾向蓝色时,它传达出凶残、孤寂、恐惧的精神;紫色被淡化成浅紫色,它展示出优美、浪漫、妩媚、含蓄等韵味,这种使人心醉神迷的柔和色彩极其适合用于女性化妆品、内衣和闺房等的色彩设计。因紫色具有高贵、孤独、奢华的感觉,是礼服中常用的颜色。

二、服装色彩的情感分类

颜色和人的情感关系在生活中随处可见,因此,利用颜色进行各种产品设计时,满足人的情感需求就显得十分重要。

心理学的观点普遍认为,感觉和知觉是大脑对物体或事件反应的低级阶段,而具有语义性质的认知才是对物体或事件反应的高级阶段。在颜色科学中,颜色的明度、饱和度等感知过程已经有相对明确的结论,而颜色的内涵、意义、和谐等高级认知过程还不是十分清楚。这个过程正在被许多研究者关注,因为它与颜色的情感有较大的关系。

一直以来,颜色的情感评价吸引了众多研究者的兴趣。它主要涉及两个维度:一个是评价性维度,主要倾向于颜色审美或颜色偏好的心理评价,如"舒适的"或"不舒适的"、"好的"或"不好的"等;另一个是描述性维度,主要倾向于对颜色物理性感觉的描述,如"热的"或"冷的"、"重的"或"轻的"等。大多数研究者认为颜色的偏爱与文化或个体的环境有关,但他们同时也承认不同人群对颜色的认知结果存在共性。在描述性评价维度方面,早期的研究往往集中于对颜色单一情感的考察,如距离感、重量感、大小感等,结果表明明度和色调对颜色情感有显著的影响。

近年来,仍然有许多学者在不断地开展这方面的研究工作。一些人想通过评定一定范围的颜色来比较跨文化的颜色情感差异。Xin 等人分别对我国香港人、日本人和泰国人进行了考察。结果是我国香港人和日本人的颜色情感总评价大体上相似,泰国人对颜色的明度最敏感,但饱和度对日本人和泰国人的影响更大;除"冷—暖"感外,色相对颜色情感的影响比明度和饱和度小得多。但 Ou 等人分别考察了英国人和中国人。结果显示,"轻—重"评价结果的一致性最高,"紧张—放松"评价结果的一致性最低;女性评价值的一致性明显高于男性的评价值。英国人和中国人的评价结果十分相似,通过"颜色(活力、重量、热度)——情感(冷—暖、轻—重、积极—消极、软—硬)"因子分析后,发现两国颜色情感没有文化上的差异。接着,他们又用两种颜色搭配进行考察,得出了同样的结论。

蒋孝锋考察了个体根据颜色明度进行服装华丽感和朴实感的分类,结果显示,服装明度直接影响颜色情感,中明度的颜色被归类为华丽色,低明度或高明度的颜色被归类为朴实色。分类颜色的华丽感比分类颜色的朴实感更容易(图 4-26、图 4-27)。

图 4-26　颜色明度变化

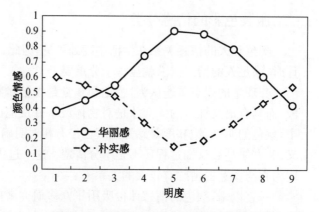

图 4-27　服装华丽感和朴实感的分类结果

三、服装颜色的认知偏好

服装颜色偏好是人们对服装颜色的属性,如色相、明度、饱和度、搭配等所持的态度,服装颜色的偏好主要集中在以下几个方面。

从性别方面看,男女两性对服装颜色的偏好有差异,有人从"自信的""美感的""适当的"等评价维度调查了男女群体,比较了两性对服装颜色不同属性的偏爱差异,结果表明,女性更看中后面两项指标。

从地区和文化的差异看,研究结果表明,在不同地区文化背景的影响下,人群之间的颜色偏爱也存在差距。在东方国家,正山重子(S. Shoyama)等人的研究发现,韩国学生认为老年人穿高明度的服装是积极的,相反,日本学生却认为老年人穿低明度的服装才是可取的;与此结论几乎一致,水谷千代美(C. Mizutani)等人通过调查日本人和韩国人的服装颜色和穿着意识之间的关系发现,韩国人倾向于艳色,而日本人却倾向于灰色。原因是韩国人希望用颜色表达个性,吸引他人的注意。而日本人则希望避免自己在别人面前过于显眼,因为他们内心有被他人接受的强烈愿望,不希望与众不同;蒋孝锋比较了中国学生和印度学生的运动服颜色偏好,结果是,与中国学生相比,印度学生更喜欢冷色和暗色。

在西方国家,威廉姆斯(J. Williams)调查了白人和黑人青少年女性对服装颜色的偏好,结果表明,两组被试的喜好总体上相似,但黑人更喜欢艳色,白人却喜欢灰色调。

四、服装颜色的社会认知

研究表明,服装颜色对着装者自己或他人的影响是显而易见的,这种影响主要表现在对人的心理暗示。许多研究者从不同的角度分析了服装颜色对人心理的暗示或情绪的影响作用。

弗兰克(M. G. Frank)等人通过让被试对球队的图片和比赛的录像带进行评判,并结合比赛的判罚记录,考察了职业足球队和冰上曲棍球队的服装颜色对比赛的影响。结果显示,穿黑色运动服的球队比穿其他颜色运动服的球队更具攻击性,被罚的记录更高。他们认为,造成这个结果的原因归咎于两方面,即黑色运动服增强了裁判偏颇判断的社会认知和球员侵犯性的自我认知。希尔(R. A. Hill)等人对相同的问题也作了考察,他们研究了2004年奥运会多个比赛项目的服装颜色,发现穿红色运动服的运动员比穿蓝色运动服的运动员取得了更好的成绩。在司法领域,这一现象同样存在,弗里(A. Vrij)分别考察了罪犯和犯罪嫌疑人穿黑衣服和白衣服给人留下的印象,发现罪犯和犯罪嫌疑人穿黑衣都留下了更具有攻击性、更好斗的负面印象;被试认为穿黑衣服的罪犯比穿白衣服的罪犯罪行更重,穿黑衣服的犯罪嫌疑人比穿白衣服的犯罪嫌疑人嫌疑性更大。

服装颜色也可以使人形成对着装者的心理定势。如穿浅色或暖色服装的人具有果断的性格,而穿深色或冷色服装的人更有深思熟虑、冷静、理性和男性化的倾向。在现代社会中,人们还常常将服装颜色与职业的合意性联系在一起,从而形成了某类职业服装颜色的刻板印象。就这一方面,不少学者也进行了研究。阿默斯特(M. L. D. Amhorst)等人对女性求职者的服装颜色明度(深色和浅色)和表情(微笑和严肃)进行了调查。发现面部表情对女性的社会性评价有显著的影响,但服装颜色对女性的个人性评价(如能力和勇气)只产生了有限的影响。说明在职场,服装颜色对个人的形象并不构成决定性的影响;吉布森(L. A. Gibson)等人也调查了女性求职者的合适服装颜色和不合适服装颜色与工作潜力的关系。结果表明,服装颜色对求职者的能力评价并没有产生较大的影响,相反,合适的服装颜色却造成了对其创造能力评价的降低,说明过度注重服装颜色可能在审美领域获得加分,但在经济和职业领域未必会获得好的印象。

第六节 服装款式感性认知

服装款式由外部线型和内部线型共同构成,其中,外部线型主要是指服装的整体轮廓线,分为肩部线、胸部线、腰部线、臀部线和底摆线等。内部线型分为服装的内结构线(分割线、省道线、褶线等)和局部细节线(衣领、袖子、口袋以及拉链、花边、钮扣、装饰等形成的线型)。大量研究表明,个体认知物体首先就从其外形轮廓开始,服装亦是如此,可以说服装轮廓线是影响服装形象的关键性因素,它带给观察者的视觉冲击力远大于服装局部造型所带来的影响。服装的廓型是通过腰身、衣长、摆角、肩斜、肩宽、下摆等关键部位的变化来实现的,这些变化将决定和影响服装的整体风格。

服装外部线型和内部线型是紧密联系、不可分割的。因为服装外轮廓造型的变化制约着服装内部造型的表现形式,而服装的内部造型又丰富、支撑着服装的外轮廓效果。服装某些局部造型会直接成为服装外轮廓的一部分,如夸张的领子、蓬起的袖子、突出的口袋等。所以,服装的外轮廓造型和内部造型要协调一致,相辅相成,才能使服装的整体造型生动优美。

研究表明,当服装轮廓的形态逐渐发生变化时,会引起服装感知的相应改变。秦芳以女西装为例,研究了其长度的变化对服装职业感的影响,结果发现,随着服装长度的增加,职业感强度先增高,然后又逐步降低。当职业感最强时,服装的长度正好处于人体的髋骨附近。这与人们长期以来形成对职业装的固定看法是一致的,如果短于这个长度就变得比较时尚,而长于这个长度,则变得比较休闲,如图4-28、图4-29所示。

服装的局部形态变化也会带来认知上的差异。王姗姗对T恤衫的领宽和领深对服装时尚感的影响做了测试,结果表明,随着领宽的不断增加,服装时尚感呈现逐渐上升的趋势,且在领宽接近肩点部位时,其美感达到最大值。如图4-30、图4-31所示;同样,随着领深的不断增加,服装时尚感也呈上升趋势。但当领深点接近胸围线时,其时尚感值则反而有所下降。如图4-32、图4-33所示。

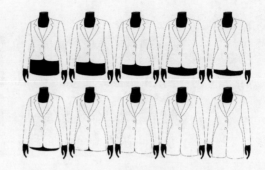

图 4-28 女西装的长度变化

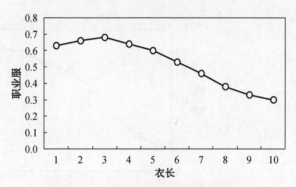

图 4-29 长度引起的服装职业感变化

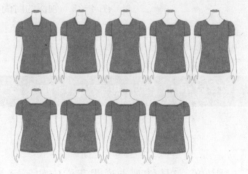

图 4-30 领宽的变化

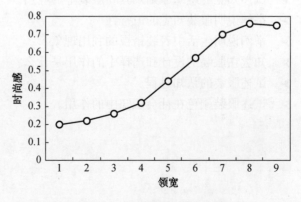

图 4-31 领宽的时尚感差异

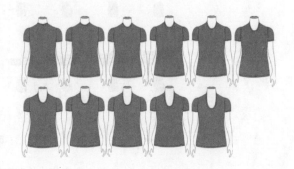

图 4-32 领深的变化

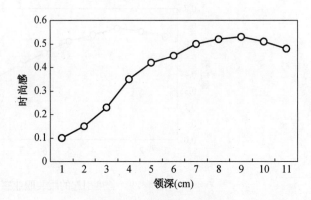

图 4-33 领深的时尚感差异

思　考　题

> ➢ 试用知觉整体性观点说明我们应如何穿着打扮？
> ➢ 试述知觉的组织原则及其在服装上的应用。
> ➢ 举例说明服装知觉的恒常性。
> ➢ 举例说明生活中着装错视的利用现象。
> ➢ 知觉在服装的设计和选择中的作用是什么？
> ➢ 试述服装的认知过程。
> ➢ 试述服装颜色在社会认知中的作用。

第五章 性格与服装行为

第一节 性格概述

世界上有199个国家和75亿多的人口。不同民族人的特征是不同的,就是同一个民族的人,随地域、性别的不同,外貌长相不同,生活方式不同,性格特征是不同的,包括双胞胎也不可能在长相及性格方面完全一样。人从出生之日起每天都要感知各种各样的客观事物,经历各种情感体验,也就是说有着各种各样的心理活动。这些心理活动会表现出每个人的特点,如有人活泼、有人开朗,这是由于人的认知、爱好、能力、气质、性格等不同造成的。

一、性格与个性

1. 性格

人们经常说到性格一词,在评价他人时会说"某某人性格活泼、善于交际""某某女孩性格太腼腆",对自己也会说"我也不大清楚自己的性格"。性格到底是什么? 性格是指一个人在生活过程中所形成的对现实比较稳定的态度和与之相适应的习惯行为方式中所表现出来的个性心理特征。如认真、马虎、负责、敷衍、细心、粗心、热情、冷漠、诚实、虚伪、勇敢、胆怯等就是人的性格的具体表现。性格是一个人的个性中最重要、最显著的心理特征,它是一个人区别于他人的主要差异标志。

人的性格构成十分复杂,概括起来主要有两个方面:一是对现实的态度,二是活动方式及行为的自我调节。对现实的态度又分为对社会、集体和他人的态度;对自己的态度;对工作和学习的态度;对利益的态度;对新的事物的态度等。行为的自我调节属于性格的意志特征。人对现实的态度和与之相应的行为方式的独特结合,构成了一个人区别于他人的独特性格。

人对现实的态度,表明其追求什么,拒绝什么,如对服装的态度表现在接受什么样的服装,喜欢什么样的服装。人们的行为方式表明他们如何去追求他们所要得到的东西,如何去拒绝他们所要避免的东西,例如如何去收集自己喜欢的服装信息,如何去想方设法买到自己所喜欢的服装等行为。一般来说,人对现实的稳定态度决定着他们的行为方式,而人习惯了的行为方式又体现了他对现实的态度,同样也表现在着装方面。因此,研究人们的服装态度及其与服装行为的关系就成为服装心理学和服装营销学范畴的重要课题。

性格可分为先天性格和后天性格。先天性格由遗传基因决定,后天性格是在成长过程中通过个体与环境的相互作用形成的。我们必须重视性格的可塑性,以前人们认为性格是与生俱来的,是不可变的,现在则普遍认为性格是可变的。这个观点很重要,如果能通过各种途径培养人的优良品格,摈弃与要求不相适应的性格特征,将会为社会带来巨大的裨益。

2. 个性

个性在心理学中也称人格,是指个体带有倾向性的、比较稳定的、本质的心理特征的总和。它是个体独有的并区别于他人的整体特征。例如,就读在同一所学校、同一专业、同一班级,即便同一性别的学生也会表现出各自相异的着装态度和行为,这说明他们每个人对着装具有自己的选择性,这种选择性来自于各人心理的差异性因素。

个性的心理结构是复杂的,它是一个多方面、多层次的统一整体。包括个性的倾向结构、特征结构和调节结构。个性倾向结构又称个性的动力结构,是个性发展的原因,决定着一个人态度的选择和积极性的表现,包括需要、动机、兴趣、理想、信念和世界观。个性的特征结构即心理特征表明了一个人的心理特点和行为模式,包括气质、性格和能力。而个性的自我调节就是自我意识对心理与行为的控制、调节作用,包括自我观察、自我分析、自我评价、自尊感、自信感、自我检查和自我控制等。

二、性格的特征

性格一般分为内向型和外向型性格两种。但对每一个人来说不会是完全的内向型和完全的外向型性格,大部分都是在某种程度上的交替。外向型性格的特征具有活泼爽快、自信心强、感情表现自然、失败了也不后悔等特征,内向型性格的人则具有对外来的批评敏感、慎重、控制自己的感情表现、失败了会更加慎重等特征。

性格是由多种因素构成的一个统一整体,构成性格的心理特征大体上可以归纳为下面4个方面。

1. 性格的态度特征

人对现实的稳定态度是性格特征的重要组成部分。包括对社会、对他人、对学习、对工作、对事物、对自己的稳定态度。如对社会、对他人的正直、善良、有礼貌,对学习、对工作的勤奋、细心、创造精神,对事物(包括着装)的接受、认可、节约,对自己的自信、自爱、自律、自强、谦虚谨慎等,这些构成了一个人的性格,是人们性格和个性中的核心品质。

2. 性格的意志特征

性格的意志特征是指一个人对自己的行为进行自觉调节的特征,主要表现在行为方式方面。包括在行为的目的性方面的有无计划、有无目标、有无理想;自我控制方面的主动控制还是被动控制、意志支配还是情绪支配;紧急情况下是镇定还是惊慌失措、机智果断还是优柔寡断;日常工作学习中是严谨还是松懈、坚定不移还是动摇不定等。

3. 性格的情绪特征

性格的情绪特征主要表现在情绪的强度、稳定性等。如有的人情绪强烈、一触即发,有的人则即使受到很大的刺激都不产生情绪反应;有的人情绪起伏、波动很大,有的人则情绪深沉、稳定,比较容易控制,有的人总是精神振奋、愉快乐观,有的人则常常萎靡不振、忧郁寡欢。

4. 性格的理智特征

性格的理智特征是指人们在感知、记忆、想象和思维等认识方面的类型差异。在感知方面有主动观察型和被动观察型,在记忆方面有善于形象记忆和善于抽象记忆等,在思维方面有全面深刻、灵活变通的系统思维者和一条道跑到黑的线性思维者,在想象方面有创造想象者和想入非非的崇尚空谈者等。

三、影响形成性格的因素

① 不同国家和地区的人具有不同的个性特征。东方国家和西方国家的人有着截然不同的性格特征,即便同是亚洲地区的中国人和日本人的性格差异也很大。我国的不同民族和地区的人的性格也不一样,内蒙古草原上的人性格豪爽,南方地区的人性格细腻。即使同一个地区、同一个民族、同一个年龄层,以及同一个职业的各个人之间的性格差异也很大。影响人们性格形成的主要因素有遗传、家庭环境和儿时的成长经历等。

② 使人的性格不断发展的主要因素是遗传因素,即我们生活中常听到"某朋友的性格很内向,像他爸爸一样""龙生龙,凤生凤,老鼠的儿子会打洞"等观点。但遗传因素只为一个人性格的形成和发展提供了某种可能性,真正的形成和发展主要取决于一个人的家庭环境、儿时的成长经历和社会生活。

③ 幼儿时期是人一生中性格形成的最主要的时期,人的生长环境对性格形成有着十分密切的关系。即:父母的性格温柔、父母间的关系亲密的话,儿童也会自然地形成温顺安静的性格;反之,如果父母的性格不好,经常发火,使孩子在一种紧张的环境中成长,会形成情绪不稳定、神经质似的性格。

四、性格的表现形式

一个人的性格必然要通过其言谈举止和外貌表现出来。

1. 外部活动表现

人的外部活动包括社会、工作、学习、文化娱乐和人际交往等。外部活动是鉴别、了解一个人性格的主要依据。通过一个人的外部活动可以了解一个人的性格特征。如通过社会活动可以了解一个人对社会、对集体的态度,通过工作、学习表现可以了解一个人是否认真负责、有创造精神,通过文化娱乐活动可以了解一个人的兴趣爱好、特长等,通过人际交往可以了解一个人是否善于交往,是否谦虚谨慎、落落大方。

2. 语言表现

语言表现主要是指一个人说话时的态度、风格、方式等。例如,一个人的口头语与其性格就有一定的关系。常说"这个""那个""嗯"等口头语的人具有小心谨慎的特点。

3. 外貌表现

着装、面部表情、姿势动作都能反映出一个人的性格特点。例如,一个人的眼神可以表现出其忧郁、冷淡、狡猾等性格特征,一个人的笑容可以反映出其性格坦率、热情或者多愁善感的性格特征,经常打手势的人说明其缺乏自制力和矫揉造作,甚至不同的敲门动作、不同的坐姿、不同的笔迹都会反映出其性格特征。

五、性格的类型

关于性格的类型,心理学家们研究了很多,划分性格类型的角度和所持的依据不同,得出的结论也各不相同。

按照价值观念可以分为理论型、经济型、艺术型、社会型、政治型和宗教型。

按照理智、情绪和意志等心理机能在性格结构中所占的优势程度可以分为理智型、情绪型和意志型。

近年来国际上流行的性格九分法,把人的性格分为完美主义型、施与者型、演员型、浪漫型、观察者型、质疑者型、享乐主义型、老板型和调停者型。

按照与性格有关的消费态度可以分为节俭型、保守型和随意型。

按照与性格有关的消费行为可以分为习惯性、慎重型、挑剔型和被动型。

蒋孝锋、刘国联、陈静等(2004 年)在对中国长江三角洲地区大学生的性格与服装行为的研究中,将大学生的性格构成分为理智适应、谨慎内向、优柔寡断、善于交际、猜疑自卑和不拘小节 7 个因子(见表 5-1),按照性格特征可以将大学生分为缺乏自信型、谨慎内向型、猜疑自卑型和理智外向型 4 种类型(见表 5-2),各种类型的性格特征为:

缺乏自信型:优柔寡断、不拘小节、猜疑自卑。

谨慎内向型:谨慎内向、优柔寡断。

猜疑自卑型:常猜疑别人、自卑。

理智外向型:理智适应、善于交际、不拘小节。

表5-1 大学生的性格 因子内容构成	性格因子	构 成 因 子 内 容
	理智适应	我经常分析自己、研究自己
		在一个新的环境里我很快就能熟悉了
		我不怕应付麻烦的事情
		我总是三思而后行
		与观点不同的人我也能友好往来
	谨慎内向	我待人总是很小心
		遭到失败后我总是忘不了
		要我同陌生人打交道,常感到为难
	优柔寡断	我的意见和观点常会发生变化
		买东西时,我常常犹豫不决
		我的情绪很容易波动
		我很会关心别人会对我有什么看法
	善于交际	我善于结交朋友
		我很喜欢参加集体娱乐活动
		我不喜欢独处
		比起小说和电影,我更喜欢郊游和跳舞
	猜疑自卑	我常会猜疑别人
		我常有自卑感
		我始终不能以乐观的态度对待人生
	不拘小节	我是个不拘小节的人
		使用金钱时我从不精打细算

表5-2 按照性格 分类结果	性格因子	缺乏自信型 (10人)	谨慎内向型 (25人)	猜疑自卑型 (74人)	理智外向型 (152人)	F
	理智适应	−0.658 43	0.104 13	−0.528 60	0.283 54	14.440***
	谨慎内向	0.341 56	1.475 43	0.171 74	−0.348 75	35.555***
	优柔寡断	1.025 81	0.601 17	−0.604 20	0.127 79	19.921***
	善于交际	−1.631 59	−0.482 45	−0.117 79	0.244 04	16.748***
	猜疑自卑	0.621 89	−0.932 47	0.630 44	−0.194 47	26.128***
	不拘小节	0.296 44	−0.237 28	−0.388 69	0.208 76	7.174***

注:1. 表中数值为统计分析中的因子得分。
　　2. ***——说明各类人在0.000水平上存在着显著差异。

第二节　性格与服装行为 ··

　　人们在穿着打扮方面,总是按照自己的性格特征打扮自己。也就是说,一个人经常喜欢穿用的衣物、饰物一般总是与其性格相一致的,着装可以像一个人的指纹一样代表着一个人的特征。近年来,多样化、个性化着装趋势的发展,人们普遍期望通过着装来体现自己与他人的不同。如果两个人穿着同样的服装去参加同一项社交活动,他们就会设法通过选用不同的服饰配件等来展示自己的特征。

一、性格与对服装的关心

　　人们的服装选择、穿用习惯等与性格有着密切的关系。哪种性格的人喜欢穿着哪种服装、喜欢哪种款式的服装是学者们的研究中心。

　　很多学者都研究了人们的性格与对着装打扮的关心程度的关系。总的看来,重视服装的人和对服装关心的人属社交性的,兴趣广泛、喜欢活动。对服装不大关心的人属内向性的,对他人和环境不依赖,按照自己的想法生活。特别是以青年人为对象的研究结果表明,外貌长得漂亮的人更具有社交性和开放性的倾向,对服装很关心、注重服装的重要性的人能够更好地适应社会。可见对服装关心的人可以把展示服装作为社交的一种方法,比如,有了好的服装,就想要穿出去给别人看,与人交流体验。

　　有学者研究了性格与服装特征之间的关系。用调查问卷的方法对学生进行了调查,调查问题包括服装的装饰性、服装的舒适性、服装的兴趣、服装与他人的一致性、服装的经济性等。结果如下:

　　重视服装装饰性群体:有良心的、惯例性的、不热诚的、有同情心的、社会性的。

　　重视服装舒适性群体:有自制能力的、社交性的,有服从权力的倾向。

　　对服装有兴趣的群体:惯例性的、有良心的、想法进步的、固执倔犟的、疑心多且不安定。

　　重视服装与他人一致性群体:有良心的、伦理的、社交性的、传统性的。

　　重视服装的经济性的群体:有良心的、有效率的、热诚的、仔细的、责任感很强。

二、性格与对服装设计的喜好

　　与性格有关的服装行为方面,不仅是衣服穿着的好和坏的问题,还包括喜好什么颜色、什么款式的问题。有的人经常穿着黑色和白色的服装,有的人则喜欢淡颜色的服装,有的人经常喜欢穿着正装类服装,有的人则喜欢穿着休闲类服装。这些差异与他们的性格相关的可能性是很大的。

　　有研究表明,喜欢悬垂性好的服装、在家里也穿得很好的人,其性格特性与其对社会性问题的关心和自信感有关,一般来说城市人比农村人对服装更为关心。

有学者研究了喜欢暖色调还是冷色调与性格之间的关系。结果表明，喜欢暖色调的人反应速度快。外向性的、客观的、社交性的人喜欢深的、暗的颜色。

以10来岁孩子为对象的调查结果表明，时间、场所和季节的不同，喜欢的颜色种类多的孩子情绪安定，属外向型的，有指挥他人的欲望。反之，只喜欢一两种固定颜色的孩子性格孤独。

有学者以女大学生为对象的"关于性格与服装设计喜好程度的研究"结论如下：

性格与服装线条、款式　喜欢曲线的人更具有女性的特性，喜欢运动款式服装的人男性化特点更明显。

性格与服装颜色　喜欢红色的人具有实践性的、果断性的行动，喜欢黑色的人是深思熟虑的、理论性的、思索性的。喜欢绿色的人非常理论性的、客观性的、深思的、男性倾向的。

性格与服装颜色的明度　喜欢亮颜色的人属于实践性的、果断性的和行动性的，喜欢暗色的人属于理论性的、内向性的、深思的。活动性和社会性越强的人，越是喜欢亮的颜色、不喜欢暗的颜色。可见性格与色相、设计有一定的相关性。

性格与服装的配色　喜欢白色的人属单纯的、感情性的、讨厌朴素节约、易兴奋、自制力较弱的。

性格与服装颜色选择的多样性　随时间、场所、季节用途的不同，选择多样颜色的人属于有自制力的，反之，选择范围小的人属感情性的、易兴奋的、自制力较弱的。

三、性格倾向（内向与外向）与服装行为

与外向型还是内向型性格有关的服装行为研究方面，主要是研究服装的色相、款式、关心、商标形象等方面的内容。一个人是外向型还是内向型性格，与服装款式喜好程度、喜欢前卫的还是保守的等方面有着密切的关系。正如日常生活中有的人喜欢亮的颜色，有的人喜欢暗的颜色，有的人喜欢漂亮前卫的服装，有的人喜欢不刺眼的、普通的服装。

1. 服装类型

有学者以女大学生为对象，对她们关于男性的—女性的、社会的—个人的、男性化和女性化服装的喜好程度进行了调查。结果表明，社会性成熟程度高的人在选择服装时有一定的标准，与其相比，社会性成熟度低的人变化多。按照社会性成熟程度的不同，人们把服装作为自我表现的媒体，对服装的选择不仅是为了个性表达，还与对社会角色的个人认识有关。

女性性格的人：喜欢裙子，喜欢女性化特点比较强的运动服，喜欢女性化的套装等。女性形象是连衣裙、西装裙和有花纹的服装，是类似社交服装类的。

男性性格的人：喜欢裤子，喜欢穿着牛仔裤，喜欢穿男性款式的牛仔裤。男性

形象是西装类的两件套装和裤子、粗犷或几何图案的服装,是职业服装。

2. 服装商标形象

有关性格对服装商标形象嗜好的密切影响的调查结果表明,外向型性格的女性喜欢"大胆的""老练的"形象,不大喜欢"女性的""实用的"形象,重视商标,喜欢著名商标的服装,即希望通过穿着著名商标来表现自己的形象。而内向型女性则追求实用性的、现代的、细腻的形象。

3. 追随时尚

有关对大学生个性和追随时尚的服装行为与个性特征之间的关系的研究结果表明:

内向型性格的人:对个性化的服装很关心,对流行不大关心。以自己的主观判断为主,重视自己的感觉,所以在着装方面也同样与他人不同。

外向型性格的人:对服装与他人的一致性和流行很关心,重视外部世界和他人,因为他们容易适应变化,属社交性的,在着装上也同样喜欢与他人步调一致,容易接受新款式。

国外有学者对服装专业的女大学生的心理类型(思考、感情、感觉、直观)研究中,对内向—外向性格、色相的属性、色相的喜好的相互关系进行了研究。结果表明,外向型的感觉型具有对色相和颜色范围的区分非常敏感的直觉,外向型思考、感性,直观型喜欢浓重彩度,各种性格的人都不喜欢中间彩度。外向型的人喜欢相似和谐搭配,内向型喜欢对比协调的和谐搭配。外向型的人喜欢冷色,内向型喜欢暖色。

4. 服装面料质感、花纹

性格与服装面料质感的关系研究表明,喜欢粗糙手感面料的人具有男性化的性格;喜欢没有花纹、单一颜色服装的人具有非常明显的男性性格,喜欢花纹的人则具有非常明显的女性性格。

四、性格与其他变量的关系

了解与性格有关的服装行为方面的其他研究结果,将有助于对性格与服装行为的理解。与性格有关的其他变量有性别、竞争性、冲动性、自制性、思考性、活动性、安定性。

1. 性别

关于与性别的关系的研究结果表明,不论何性别,竞争性的人对服装外观都很重视,不喜欢最新流行的款式。特别是男性,竞争性越是高的人对服装的个性和流行越是不关心。即,竞争性高的男性受形式的束缚,着装上不喜欢变化,比较保守,也不喜好与他人不同的或新款式的服装。但是,女性如果竞争性高的话,则主要是通过最新流行来表现自己,竞争性低的女性对服装的流行不大关心。

以成人女性为对象的研究结果表明,竞争性高的人对审美性、安乐感、贞淑性、管理、他人认可都比较关心,这里的竞争性与对服装的关心、依赖性、注意等无关。具有高竞争性性格的人不是通过服装把周围人的视线引向自己,而是在自然的着装状态中具有竞争性的态度。

女高中生如果是指挥性和社交性的性格，对服装的计划性和整理性就比较关心，情绪安定和自信感强的人对服装构成和制作、整理的兴趣浓。情绪安定性差的人，对服装设计、流行、逛商店看衣类和首饰比较关心。

指挥性、社会性和自信心越是高的女大学生和职业女性，属于服装先导群体的趋势越强。

国外有学者以中国和美国的女大学生为对象进行了比较研究，结果表明中国女大学生中竞争性高的群体喜欢保守性的服装或新款式的服装，美国女大学生竞争性高的群体则喜欢极端的个性化或者与他人同一性很高的服装。还有美国竞争性低的群体喜欢穿裤子和休闲装，不在意着装与他人同一性。

按照逛商店兴趣不同，女大学生的性格特征在内向型—外向型、服从型—指挥型、心地坚强型—敏锐型、保守型—开拓型因子方面的差异研究结果表明，喜欢逛商店型的人属外向型的、指挥性的、心地敏锐的性格，具有开拓性特征。喜欢逛商店型、闲暇性逛商店型的人具有冲动购买者的性格特征。

2. 思考

有学者研究了喜欢独特款式服装的人与选择普通朴素、穿着时间长的款式服装的人之间的差异，结果表明，强调个性的人属冲动性的、缺少思考的、果断性的女性，喜欢普通朴素款式的人属男性的、自制力很强的、思考型的人。

越是心地善良、有耐心、诚实守规范的性格对服装的审美性、贤淑性、关心、注意、管理、认定和依赖性越高。

3. 自我意识

不管男女，对服装的自我意识越高，着装与他人的同一性就越高，对服装的自我意识低，则表现为独立性的。对服装的夸示性重视的人，男性表现为攻击性的、有自信感的、但同情心低的特征，女性则表现出对个人之间相互关系不在意的性格。

职业男性的指挥性、活动性、安定性的性格特征与服装款式嗜好的关系研究结果表明，指挥性越高的人，越是喜欢橙色和红色系列的领带，不喜欢灰色系列的领带。这是因为指挥性性格特征在服装方面的反映是指挥性越强，越是喜欢表现出强壮、有能力的形象，而对平常的灰色表示厌恶。职业男性的活动性越高，越是喜欢淡颜色的上衣、深颜色的裤子和本色衬衣等搭配，其理由是活动性高的男性持积极的、自由的思考方式，他们对休闲形象也比较喜欢。越是持安定性性格的男性，越是喜欢小格子花纹的男士服装和紫色系列的领带。

五、研究实例

蒋孝锋、刘国联等(2004年)对大学生性格与着装态度方面的研究结果表明，谨慎内向型和理智外向型的大学生非常重视自己的外观，缺乏自信型和猜疑自卑型的大学生则表示出无所谓的态度，如表5-3。而在"注重服装的舒适性"方面，各类性格的大学生基本上都持肯定的态度，相比之下，缺乏自信型和谨慎内向型性格的人更加注重服装的舒适性，如表 5-4。

名（%）

表 5-3
各类大学生对
"非常注重
自己的外观"
的态度差异

类　　别	完全不是	不　　是	一　　般	是	确 实 是
缺乏自信型	1 10.0%	1 10.0%	6 60.0%	2 20.0%	
谨慎内向型		1 4.0%	7 28.0%	13 52.0%	4 16.0%
猜疑自卑型	4 5.4%	9 12.2%	38 51.4%	17 23.0%	6 8.1%
理智外向型		3 2.0%	70 46.1%	65 42.8%	14 9.2%
X^2		34.086**			

注：表中 X^2 为卡方检验结果。下同。

名（%）

表 5-4
各类大学生对
"注重服装的
舒适性" 的
态度差异

类　　别	完全不是	不　　是	一　　般	是	确 实 是
缺乏自信型			1 10.0%	6 60.0%	3 30.0%
谨慎内向型			2 8.0%	15 60.0%	8 32.0%
猜疑自卑型	6 8.1%	2 2.7%	15 20.3%	40 54.1%	11 14.9%
理智外向型		2 1.3%	26 17.1%	92 60.5%	32 21.1%
X^2		21.922*			

思　考　题

➢ 叙述性格的含义、特征及影响形成性格的因素和性格的表现形式。
➢ 论述人的性格与对服装的关心、对服装设计的喜好的关系。
➢ 性格倾向（内向与外向）对服装行为有什么影响？
➢ 举例说明性别、个性等对服装行为的影响。

第六章　自我意识与服装行为

　　每当人们穿新衣服外出时,碰见朋友听到的第一句打招呼话可能会是"这衣服真漂亮!""这件衣服真适合你",这时,尽管你口头上说"谢谢你的称赞",或者谦虚地说"还行吧",但实际上你的心情是非常好的。反之,如果朋友问你"为什么买这件衣服?""为什么穿这件衣服?",甚至有的朋友更直截了当地说"这种款式已经过时了""这件衣服不适合你穿"时,你的心情会怎样呢? 可能会一整天都不舒服,这件衣服也可能再也不想穿了。这就是所谓服装是人们的"第二皮肤"的作用,一个人的着装应该与其自身形象相吻合。

　　形象是指能够引起人的思想和感情活动的具体事物和状态。这一概念不仅适用于人,也适用于物。形象问题是人人关心的问题。提起某个人的形象,多数人便会自然地联想到其相貌,并把这看作是此人形象的主要标志。一个人的相貌是一个人形象的构成部分。但一个人的形象不仅仅是指相貌,还包括其着装打扮、言谈举止、待人处事、兴趣爱好、人格智慧等,这些方面在不同人身上的不同组合,便构成了不同人的形象,同时也就使别人产生了不同的印象和思想活动,如喜欢或讨厌、亲近或疏远、赞赏或轻视等,这些都与一个人的形象直接相关。比如说,当我们走进服装店,对店里展示的各种各样的服装大体上看过之后,会把目光集中到某几款或一两款引起了你的购买欲望的服装上面,这是因为这几件服装的形象吸引了你。

　　服装作为人体的外包装,不仅具备御寒、避害等生理功能和非语言的象征性的社会功能,也具备个人意识的表达功能,着装者只有客观的自我意识,充分地了解自己的体形、个性特点,对自己的形象有客观、公正的评价,才能按照T. P. O.(时间、地点和场合)原则着装,才能更好地把握自己的服装行为。

　　自我意识与自我形象在服装学中一般具有相同的含义。人们如果希望通过服装得体地表现自己,并能在别人的心目中树立自己所期望的形象,就要充分了解有关自我意识的知识。本章将在介绍有关自我意识基本知识的基础上,讨论人的自我意识与服装行为的关系。

第一节　自我意识概述 ·······································

一、自我意识的含义

在心理学中，自我是指个人对自己的认识。认识是一种心理经验，是一种主观意识，如对自己生理状况（身高、体重、形态等）的认识，对自己心理特征（兴趣、爱好、能力、气质、性格等）的认识，对自己与他人的关系、在群体中的地位与作用等的认识等。

图 6-1　自我意识

自我意识是个性组成的一部分，是个性形成水平的标志，也是推动个性发展的重要因素。自我意识包括自我观察、自我监督、自我评价、自我体验、自我教育和自我控制等形式（图 6-1）。

1. 自我意识的构成

自我意识由物质的或生理的自我、社会的或文化的自我、精神的或心理的自我构成，这三种自我意识之间是互相关联的。

物质的或生理的自我是自我意识最原始的形态，表现为一个人对自己身体和外貌的认识，如对自己的身高、体形、容貌是否满意，从而表现出自豪或自卑的情绪。

社会的或文化的自我是对自己社会角色以及自己与周围人们的关系的认识，如对自己的名声、威信、友情、经济条件等方面的认识，从而表露出自尊或自卑的情绪。

精神的或心理的自我是对自身的心理过程、心理状态、个性心理和知觉的认识，如对自己的智慧、脾气、嗜好、道德水平的认识等，从而产生如自我优越感等情绪，追求政治上、事业上、道德上的上进和发挥自己的才智。

可见自我意识表现为高度的自我认识，表现为关注自己的思想、情感和别人对自己的反应，因此，自我及自我意识总是在与别人相处时表现出来，特别是表现在一个人的态度和行为上。

2. 自我意识的特点

自我意识具有社会性、能动性和独特性等特点。

社会性指自我意识是社会化的产物，其发生和发展的过程是社会化的过程。如果一个人长期脱离社会生活，他就不可能具有正常人的心理和正常人的自我意识，因为自我意识的认知往往要与他人做比较，与社会做比较。

能动性指人能将自己与客观世界区分开来，要不断地改造客观世界以满足自己的需要,因此人在正确地分析和认识客观世界的同时,还要正确地分析和认识主观世界,对自己的能力和有关方面作出正确的评价,从而支配自己的行动。

独特性指每个人的自我意识都各不相同,在自我认识的水平上有高低之别,因此形成了每个人的与众不同的风格和形态。

3. 自我意识的评价性特征

很多人对自己的自我形象(在身材性或者精神性自我方面)不能正确地评价,其理由是人们只想认可自己期待的部分。但有时也会出现别人认为是很成功的,而自己却认为很失败的现象。

① 维持一贯性。自我意识有维持一贯性的趋势。自我意识发展中,对周围新的体验、情报会选择性地接受。即个人的自我意识要与周围人的自我意识保持一致,对与自我意识不一致的情报有保持距离的倾向。因此,人们的行动会维持一贯性,并成为其性格的一个方面。但是,有时面对新的情况,对自我意识进行修正、适应也是必要的。

② 理想性自我。理想性自我是指一个人具有自己理想形象的自我意识。理想性自我与实际中的自我很接近的人会感到很满意、幸福,理想性自我与实际中的自我如果差异很大的话,就会感到不幸福、不满意。同样文化圈的人,对理想性自我一般具有相似的看法。

③ 自我尊重感。自我尊重感是自我意识的评价性构成因素,是指自己对自身喜欢的程度,是自我意识的非常重要的因素。人们的自我尊重感与社会性状况有关。按照社会所期待的形象、文化性规范的要求确定的期望和理想在个人心目中占有重要位置,成为评价自我的基准。在个人的多种努力中,对成功和失败的直接经验是对自己进行评价的基础。研究结果表明,一般处于高层次阶层的人或者人气高的、大家喜欢的人比低阶层的人、被他人否定和讨厌的人自我尊重感的水平高。这些被他人认定、接受的成果成为认定自己、喜欢自己的基础。还有,自我评价的基础对自己与他人比较,随所处于的水平的不同而不同。

二、自我意识的形成

自我意识的形成,主要有如下几个途径:

一是通过不断地按照社会准则来判断、评价自己的行为,把自己的行为逐渐地规范到一定的社会认可的范畴,从而形成了有关自我形象的意识,形成了有关自己应该成为"什么样的人"的概念。如生活在传统生活方式社会圈里的人,会经常按照传统观念的规范(着装不能过于露等)判断、评价自己的着装行为,从而逐渐形成了传统观念特征很强的着装意识。

二是通过不断地和他人比较形成。一个人为了正确地对自己的行为进行认知和评价,往往希望与他人、与自己类似的人进行比较,渐渐地会在这种不断比较中形成自我意识。如发现同事、朋友穿了刚刚买的新款式服装,相比之下会感觉到自己的着装也需要更换了,于是形成了需要购买服装的自我意识。

三是根据他人对自己的评价形成。一个人对自己的行为作判断和评价时,常常要参照他人对自己的评价,受他人评价的影响。如一个人经常听到周围的朋友说自己的着装"很有品位"的评价,便会在服装的选择方面倍加谨慎和努力,逐渐地形成了着装讲究的自我意识。

服装作为人体的第二皮肤,对人的自我意识的形成有着重要的作用。如三四岁的儿童已经知道自己的性别,喜欢穿漂亮的衣服。儿童进入学校以后,自我意识加速发展,学会按照客观环境提出的要求来检查自己的行为,在服装方面趋向与他人的同一性。到了青少年时期则不仅仅是观察评定现实的自我,也积极追求理想的自我,如着装上极力模仿偶像的打扮等。服装是身体的一部分,认识自己的身体特征,即包括对自己服装的认识,最起码服装是一种媒介。服装可以增加促进或了解自我意识的机会,因为服装是人的心理的外部表现,给别人提供一个视觉线索。对服装的不同态度反映了人在社会中的表现方式,有的人讲究装扮,是社会中的一个活跃分子,善于利用服装无声语言的功能,协助完成与人交往的目的。但有的人不讲究装扮,以他们特有的方式参与社会生活,如智慧、能力、兴趣、爱好等。

三、理想型自我意识与追求

人们不仅要意识到自己在现实中的形象,还包括要意识到自己所希望的理想形象,即理想型自我,自己的心目中的自画像。

对自己的形象持肯定性评价,可使自己从中获得满足感,对自己不认可的形象会尽可能的避免。因此,人们对肯定性的自我意识会更加予以肯定,对否定性的自我意识则会一直努力回避,直到使其完全避免。因此在人们的现实生活中,最初的动机被不断实现、保留、开发,不断追求自己喜欢的、更加丰富多彩、令人满意的生活。例如小孩学走路,经历了摔倒、摔伤等发展过程,最终学会走路。人们的着装也是一样,由最初用兽皮、树叶来达到御寒、保护和遮羞的目的开始,不断发展为现在的多样化、个性化。社会中的每个人则通过不断变化的着装树立自己的满意形象。

与此相似,模特为了保持体形要坚持跑步锻炼,研究人员的研究要出成果需要经过无数次的试验,青少年们在按照理想的自我意识塑造自己时,为了自己的未来要不懈地努力学习。塑造自我的过程是一个艰苦的过程,但只要有坚定的自我意识,不断努力,不断拼搏,就会达到实现自我的目的。

总之,自我意识中的自我有自己期望的"我"和他人期望的"我",有根据他人期望的"我"来再认识的"我"。这样的我分为现在模式的"我"和将来自己期望成为的肯定性的理想性的"我"。为了实现这种良好自我意识,学习有关自我意识的基本理论和前人所进行的有关方面的研究都是很有必要的。

第二节　自我意识理论 ·····································

自我意识理论中,与服装有关的有古典的理论家 James 和 Allport 的自我意识理论,社会学理论家 Mead 和 Cooly 的自我意识理论,还有现象学理论家 Rogers 的自我意识理论等。

一、古典自我意识理论

古典的自我意识理论主张者 James(1890)和 Allport(1968)创立了独特的自我意识理论,主要内容介绍如下。

1. James 理论

James 认为自我意识不仅包含了对自己外貌认识,还包括精神上的内容,即性格特征、价值观、态度、兴趣、能力、职业等,以及服装、住宅、家庭、朋友、名誉、财富、亲戚等所有的围绕着自我的意识。自我意识包含了自己自身的态度、想法和行动中所表现出来的特征、能力、特质、优缺点等,还包括思考、记忆、知觉及计划在内的个人心理过程,自我意识形成了自己直接体验到的自身主观世界。

James 认为自我可以分为"经验性的自我"或者"知觉性的自我",构成自我的因素可以分为物理性自我、社会性自我和精神性自我。物理性自我是指由物理性的所有物构成,包括自己的身材、服装、家庭等;社会性自我是指从同事朋友那里得到的对自己的认识;精神性自我是指自己内心的或者主观性的心理因素。他认为服装与自我有着密切相关的重要性,就像古人故事里说的人类由灵魂、肉体和服装三种东西构成一样,一个人如果能够穿着与自己自身相协调的服装,自身就会与服装成为同一体。

这样,James 创造了服装与自我是同一体的学说。也就是说在漂亮的身体穿着破烂不整的服装和有缺陷的身体却经常穿着合体整洁的服装两种状态中,如果只能选择其一的话,大部分人都会选择后一种状态。

2. Allport 理论

Allport(美国)极力主张自我是以自己的性格为中心的,提出了固有自我的概念。人们认为自我重要,以自我为中心,是指固有自我的含义。固有自我是主观上体验到的自我的一部分,即指"自我自身"的意思。固有自我在态度、目标和价值等特征性方面具有一贯性。固有自我不是天生的,是随着成长和体验形成的。这样的固有自我表现出人的本性,包括对自我的肯定性、创造性、追求性、进取性,还表现出自我整体感、自尊心和自我形象。

Allport 认为过去的事对人们的现在影响不大,因而并不重要。他认为人们的过去对人生的全过程有帮助,但不合适用来说明人们现在的行动。例如,就像植物尽管是从种子连续发育而成,但种子不存在了,变成具有自己的根、叶、干的新模式。人也一样,过去的家庭环境、智商水平、儿时的价值观与现在常常是不一致的。高中阶段,一直是优等生,如果到大学后不学习的话,也会成为社会的落伍者。儿时起就很想长大成为服装设计师的动机，促使自己刻苦学习和实践，就会取得成功。因此，Allport认为这样的成功动机是过去的动力，只能是现在的成功或能力的一部分。

固有自我理论的主要观点包括：

第一，由于人们对包括身体知觉在内的自己身材的感觉证明了自身的存在，因此一生中一直都在关注着自我意识。

第二，自我整体感是指人们从儿童时起就可以用语言对自己自身的特征进行非常明确的一贯性的评价。自我整体感中最重要的内容是自己的名字，自我整体感是通过着装、游戏、学习等渐渐形成的。

第三，自尊心或自负心是对自己自身的评价。自尊心属竞争性方面，用无言的"我赢了"来表示庆幸。

第四，自我扩张感是指通过自我扩张使固有自我更加趋于成熟老练的意思。开始时把自己的妈妈、姐姐和家庭作为自己自身的一部分来考虑，唯恐他人抢去。后来这样的家庭观念扩张到家族、国家，即物质性的所有。

第五，表现出善良的自我形象，培养良心感，渐渐地形成现在、未来，以及理想的自我形象。长期的追求目标，追求人生目标意识，这样的自我追求是能使自己不断进步的力量。例如，艺术家、科学家生活的意义就是这样。

固有自我不可相互分离，而是相互作用。例如，您在参加服装设计专业艺术类入学考试时，心情上会忐忑不安（身材性自我），认识到这次考试对自己的重要（现实性自我），如果考得不好会没面子（自我尊重感），考试的成功与失败与家庭有影响（自我扩张），意识到自己的希望与期望（自我整体感），希望考试合格，将来能成为服装设计师，设计自己未来生活的长期计划（自我追求）。

二、社会性自我意识理论

Ryan(1966)把自我分为"来源于个人的自我"和"群体中一员的自我"，人们一般经常说的自我是指社会性自我的意思。人们的所有行动都不例外，都是在社会关系中，人们不管与谁合作都会建立起相互关系，形成共同体意识和对社会的关心。社会性自我意识受社会状况的多样性和各种各样复杂的社会性因素的相互影响。"我"的存在行动上虽然有一贯性的行动，但随状况和他人的反应不同，行动和态度是不同的。例如，朋友们如果对你的着装打扮持肯定表扬的态度，你会更加认真考虑自己的着装，希望得到朋友们的不断称赞和好印象。反之，如果对你的着装朋友们有不赞成的意见，你会对自己的着装行动倍加小心。这也就是说，由于自我是社会群体中的一员，尽管人们对自己自身的行动会自觉地按照正确的方面决定，但也会按照对方的反应对自己自身的行动作出反应。

1. Mead理论

Mead(1934)和Cooly(1902)是最早揭示人与他人间关系的重要性和关系理论的理论家。

Mead强调社会性自我的重要性。他的观点是自我是由社会性形成的，个人从他人那里了解到对自己的态度，在自己的行动范围内形成一个自我。

他认为，人们为了更好地理解他人的反应，首先是对他人对自己的反应很关心。他认为，是依据他人对自己如何看来推测决定出"自己"的性格。人们对自己的评价与其他人对自己作出的评价有相似性。

Mead认为自我本是冲动性和随意性的，当意识到无组织的"我"与社会性规范和价值观不吻合时，便会对自我予以限制，形成内在的我。因此，与服装相关的我也有主观上期望的我和他人期望的"我"之别，特别是在选择服装时很容易意识到这一点。

2. Cooley理论

Cooley认为，人们的自我意识是指自己对他人如何反应的预测。身材性特征、能力、不安感、希望等都是自我的一部分。自我从一定角度看，是相当客观的，如长脸型高鼻梁是客观上可以观察到的。但是，自己的某些观点与他人看法不一的情况也是存在的，例如，自己认为紫色适合自己，经常穿着，但别人会认为你是一种病态性格。还有自己认为自己很勤快，别人可能会认为自己很懒的情况也会有的。为什么会产生这样的差异呢？

Cooley认为我们对于自己的态度不是客观地进行评价，而是由担心别人对自己如何看待自己所产生的。所谓人们的自我意识就是指按照他人如何反应来预测出的自我。即社会性的自我的重要性在于说明了自我就是"镜子里的自己"。即我们站在镜子前面观看自己的脸和着装形态时，根据自己所看到的形象使自己感觉到愉悦或不快。同样，对我们自身的模样、态度、目标、行动和性格等，朋友以及其他方面会有反应，我们只有掌握了他人的心理才能认知自己。

关于Cooley的"镜子里面的自己"的概念说明如下：人们对自身所具有的感觉是按照他人如何看待的态度决定的。这种社会性的自我必须是"镜子里的自我"，人们会把在镜子里看清的自己的脸型、身材和着装作为自己的一部分来关心。还有，按照这些是否符合自己的心意，或者说使自己愉悦与否，这些在他人的内心里映射出来的自己的外貌、服饰、目标、态度、行动、性格、朋友等常常会受到各种各样的因素影响。

这种自我意识包含的主要因素有：第一，对他人对自己如何看的想象；第二，对自己的模样他人如何评价的想象；第三，由于考虑到他人的评价，要承受来自他人的自负心或侮辱感等对自我感情的冲击。例如，一个女孩子穿一件长连衣裙时会想到别人如何看待，别人对此模样会如何评价等。如果其他女友做出"很合适"的反应的话，会产生自负心、心情很好，如果女友们批评说有点"太让男人动心"，就会有受侮辱的感觉、心情不好。这是因为观察他人的理念对自己的感情有密切的影响。因此，自我意识会按照在社会中反射出的自我意识的不同而不同的。

三、现象性自我意识理论

Rogers(1902～1986)的理论中的核心概念是自我。他所说的自我大部分是以现象性理论为中心理论,重视个人的主观性体验和感情,即现象学创造了个人的主观性体验、感情以及对世界和自身的个人性见解和自我概念。

在现象学理论中,自我是对现在(不是过去的体验)如何看待的感觉。因为如果要知道某些现象对个人的意义是什么的话,就能够很好地理解个人的行动。自我是体验的中心部分,是行动的主观主体。自我的含义是指现在对自己如何认识的全部内容的总和,即对关于"我是谁,我能做什么?"的问题的个人性的回答。是指按照对自己的思想如何认识,如何理解所决定的行动。思想本身不能决定行动,而是自己对思想如何认识来决定行动。例如,人看见吼叫的狗就跑并不是狗本身的问题,而是因为人感觉到危险。同样,穿衣服时,虽然是自己买来的,有的衣服经常穿着,但有的衣服则不常穿,这是因为穿着服装时有"满意""舒适""不满意"等感觉,从而进行选择性穿着。依据人们对某件事情的认识和解释的不一样其反应也不同。例如,人们对同一名牌服装的看法并不会完全相同。认为价格贵的人和认为服装非常漂亮的人对服装的看法会按照个人的认识来决定。

Rogers虽然认为人们过去的经验对现在有密切的影响力,但现在的行动不仅受现在的认识和解释的影响,而且对未来的预测和对现在行动的影响力更大。例如某女士去参加社交活动,穿上漂亮的连衣裙出门时,期待能够听到漂亮的称赞,因而对实现就感觉到高兴。由于过去穿某一件连衣裙出去参加社交活动不大听到称赞,所以对这一次穿着的连衣裙的形象出去后会产生什么样的反应很担心,因此这种对未来会产生什么样的反应的现在的认识会导致紧张感。所以,与过去相比,对未来会出现什么样的结果的期待会对现在的行动产生更大的影响。

自我意识不仅包括对自己现在的形象的认识,还包括对自己应该成为的形象应如何认识的问题。由此,可以分为实际的自我和理想的自我两种,实际性的自我是指本来的自我,而理想性的自我是自己非常希望能够成为的自我形象。实际性的自我和理想性的自我之间,或者说主观性的现实和客观性的现实之间如果差异很大,就会不适应,就不会感到满足。但是,对于人们来说,为了实现理想性的自我而努力奋斗是使自己不断前进的原动力。例如人们对美容业的青睐,就是为了实现理想的自我容貌形象所作的不断努力。

第三节　自我意识与服装行为

服装具有象征性,人们可以通过着装来表现自我意识,每个人又都可以通过服装来促进和提高自我形象。服装具有直观性和差异性,能很好地表现个人的性格、爱好、价值观等特征,因此,自我意识对人们的服装消费心理和购买行为有着重要的影响。

一、身材性自我意识与服装行为

自我形象的构成内容分为社会心理和身材两个方面。身材性的自我（或者说基本形象）对人们的服装行为影响很大，即对自我身材的满意与否、身材性魅力等直接影响着人们的服装行为。同样社会心理方面的自我与人们的服装行动也密切相关，这方面国外的学者已经研究了很多，国内这方面的研究目前相对来说少一些。

1. 基本形象与服装行为

身材是什么？身材与精神有关。感觉身材好的话，心理也高兴，感觉身材不漂亮时心理也不舒服。穿漂亮的衣服或高档的衣服，心理上也感觉舒服高兴。服装学科中主要的研究内容之一是关于人的基本形象与服装行为。

有学者认为基本形象就是在人们心目中形成的关于身材的相貌，也有学者认为基本形象是对自己身材的主观性评价以及与此有关的感觉和态度。

如果按照基本形象是人们心目中关于身材的相貌的定义分析，所谓基本形象就是人们心目中的自画像。虽然人的基本形象的很大一部分是无意识的，但对生活的整体有着非常大的影响。可以认为基本形象是有意识和无意识因素、身材感觉变量，以及形态等多种知觉的统一体。基本形象不仅仅是人体的组成部分，还包括个人的愿望、欲求、感情和人际交往等。

身材性自我意识很关心有关身材方面的信息，包括对自己的身材高度、体重等方面的关注；还有人际关系、喜怒哀乐、感情上的亲密感、服装兴趣、与父母的关系等对基本形象都有一定的影响。这是因为人所有的感情都会使自己的基本形象发生变化。憎恨与厌恶都是发自身体的，表示对外部世界的强烈的警惕。感觉亲切、受到关爱时，身体的神经放松，变得柔软，感觉到人间的爱慕。身材的姿势能变硬也能变软。人一生中，要不断地表现自己，仅仅靠变化动作是不够的，还要依靠服装、化妆、首饰等来对外部产生影响。

① 基本形象与服装行为。有学者研究了基本形象、自尊心对服装行为的密切影响。研究结果表明，在流行因素中，基本形象分数高的群体对流行关心，经常阅读服装杂志、报纸和关于服装的评论文章等，看电视和电影时对演员或歌手的着装也很关心，即使不买，也经常逛商店看服装。在心理依赖性因素方面，基本形象差的群体对服装从心理上更加依赖，对服装更加重视，在日常生活中苦闷无聊时就会换衣服来改变情绪。还有，会根据所穿着的服装不同情绪不同，希望自己穿着的服装能引起他人的关注，会根据心情来决定穿什么衣服等心理上对服装的依赖。在夸示性因素方面，基本形象分数高的群体因为想通过服装来达到夸示的目的，所以在购买服装时，很重视服装的漂亮与否，对款式、色彩等很重视，不在乎价格，更希望听到别人评论她的着装讲究、有品位。

② 基本形象的自我评价。基本形象不仅是自我意识的基本内容，还是对自我意识的评价性的构成因素。

人们依据自己所具有的身材特征、价值观、能力等的认识形成了自我形象。日常生活中,会从他人的身材外貌来确定关系远近、密切交往和爱慕的感情。人们会通过包括服装在内的个人性的外貌来表现个人的态度、情绪、自我价值等。人们所具有的对于自己身材的概念对其服装行为有极其密切的影响,服装在我们的身材性自我意识中具有非常重要的作用。可以把身材外貌分为身材性魅力、体重、身高、脸型特征、打扮等变量。

现代文化中很多女性认为苗条身材是最理想的,这种美的评价标准实际上是很难达到的。美虽然是客观存在的,但人们的主观欲望不可能都实现,这与个人性自我形象有关。有时别人从总体上看某人的身材挺漂亮,自己却认为不美,有时别人看上去觉得挺苗条,自己却觉得挺胖。这种对实际身材和理想身材的认识差异,有时会导致不能正确地着装,不仅不能穿着与自己的基本形象相协调的服装,甚至会出现穿着意想不到的服装的情况,例如胖人穿着紧身服装,看上去就很不舒服。

有学者进行的女高中生自我形象与服装购买行动研究结果表明,女高中生们对自己的实际形象的认识和理想的自我形象之间存在着差异,特别是在身材性的自我形象方面存在着很大的差异。在对自己身材外貌很关心的青少年时期,对自己身材普遍都不满意。

不同的时代人们认为美的身材标准是不同的,很多人都会以追随时代潮流为美。20 世纪 60 年代后半期开始,苗条身材得到很多人的认可,因而出现了瘦身减肥热。

2. 身材满意程度与服装行为

人们对自己的身材可能满意也可能不满意,但无论是谁都不可能对自己的身材完全满意,都会找出自己的优点和缺点。有人脸长得很漂亮但腿很粗,有的人脸不漂亮但体形很好,有的人适合当演员,有的人适合当运动员,可见人们的身材的确会影响人一生的生活方式和事业发展。

下面主要叙述人们对身材的满意与否对服装行为会产生哪些影响的研究结果。

国外的学者们关于人们对身材的满意与否与服装行为的研究已经进行了很多。一个人对自己着装的满意感反映了其对自己身材的满意态度,从一个人对自己着装满意与否的态度可以预测其对自己身材是持肯定的态度还是持否定的态度。服装具有美化身材形象或者说是改变形象的功能,一个人对身材的满意与否对服装的选择会有根本性的影响。以女大学生为对象的关于身材与服装行为的研究结果表明,对自己的身材越是满意,对着装也越是满意,这里虽然说服装自身是重要的,但对自己身材持肯定的态度对着装的满意有着非常大的影响。

以男女大学生为对象的一项关于身材满意程度与服装行为的研究表明,对身材的满意度,男大学生比女大学生高,女大学生的身材满意程度与着装满意程度有关。

以中年女性为对象的一项关于身材满意程度与服装行为的研究结果表

明,对自己身材越是满意者,对自己的着装也越满意,对服装流行也越关心,更加喜好当时的流行款式。对女性来说,身材不满意的原因是当时理想体型和标准体型的服装与自己的身材不符,原因回到了自己的身材。女大学生为对象所进行的身材满意程度及期望身材尺度与服装行为的关系的研究结果表明,身材满意度高的人对服装的满意度也高,喜欢穿着女性化的连衣裙和裙子。而体形越是肥胖者对着装的满意程度越低,经常穿着不显示体形的服装款式。

对女大学生关于自己身材部位形象的认识与服装行为的相关性研究结果表明,由于当今时代女性以苗条个高为理想形象,女大学生们大部分都认为自己身体各个部位的围度尺寸偏大,因而不喜欢穿着肩部宽的服装,喜欢穿着紧身合体的上衣。

在对身材的满意与不满意方面,研究表明女性比男性更加不满意。女性认为自己太胖的人很多,其实有些人并不算胖。这是因为一般情况下,人们认为女性以苗条为美,而对男性则以看上去有知识、德高望重为美。社会上常常出现因为人长得漂亮受到重用的例子,男性对女性的看法往往是对漂亮的女性更有好感,因此女性们会努力利用服装来把自己打扮得漂亮。很多研究结果都表明女性在表现自己的时候,与男性相比,更多是利用服装。反过来,评价男性时,与他们的身材魅力相比,更重要的是他们的社会性成功、能力、较高的社会职位等,因此,事业上成功的男人一般只穿着正常款式的服装,这是男性服装款式比较单一的原因之一。

年轻女性的身材不满意常常与饮食结构不当、节食、暴食等饮食态度和习惯有关。男性一般是为了健康参加减肥或健身活动,但女性是为了看上去漂亮才减肥或增重。总的来说,女性基本上是为了苗条少吃。但是,希望苗条的愿望如果太强的话,会对饮食产生强迫意识。最近就连正在成长的小学生也为了减肥而少吃。这种对身材不满意的现象越来越甚,有人养成了经常称体重、照镜子的习惯,有人不愿意参加聚会或者讨厌到人多的地方去。但是过分的回避行为会产生社会性和心理性障碍。

3. 身材性外貌魅力与服装行为

从儿童时期开始,美在人的一生中一直影响着人们的行动。例如,儿童的外貌与妈妈的行动明显有关。有一些老师对长得漂亮的学生容易有好感,对长得不漂亮的学生会另眼看待。有调查表明6岁的儿童之间有时就会对长得差的孩子疏远。做同一件事情,长得漂亮的人容易得到更多的社会性帮助。人们对身材上有魅力的人的行动会更加宽容,会感到愉快,会给予他们更多的信任和帮助。

人的身材性外貌与人际交往密切相关。有学者为了研究其相互作用进行了实验。结果表明,外表看上去自信的、有能力的、有魅力的人容易获得他人的好感;反之,没有魅力的人会受到他人的拒绝。关于身材与人际关系的调查表明男性对有魅力的女性有更多的好感。

还有学者的研究表明异性之间的相互吸引作用在有魅力的男性身上更明

显。身材性的魅力对异性之间的相互作用不管是男性还是女性都表现为给对方更多的亲密感和满足感。因此,有魅力的女性比没有魅力的女性更容易被男性选择。

工作场所也是一样,身材上没有魅力的人容易受到不好的待遇。同等情况下,一些用人单位总是希望雇用有魅力的男性和女性,因为有些人常常会把一个人的外貌与能力联系在一起。

二、社会性自我意识与服装行为

所谓社会性的自我是指人们在参与社会活动时,对于自己的存在所具有的认知和意识。人们常常用我是"有学识的人""有魅力的人"等,来表示具有自我意识,同样,人们也会按照自己的认识状态采取行动,包括所采取的服装行为。例如,自己认为自己是有学识的、有魅力的人的话,会努力穿着打扮得让他人看上去确实是这样的服装行为。自己觉得自己是女性感很强的人,就会选择女性化的服装穿着。穿着职业装的女性对自己的优越感和女性美没感觉。

由于人们会按照"出自于个人的自我"的概念采取行动,所以在所扮演社会角色和采取的行动之间会出现差异,服装行为也会这样。例如有的成年女性自认为自己长得年轻漂亮,总是喜欢穿着青年人的服装,给人以不稳重、轻浮的感觉。

"作为群体的一员的自我",一般来说人们举止言行都会表现出自己的社会角色特征。大学生作为大学生群体的一员,会按照自己能够认知到的自我意识采取行动,会按照所扮演的社会角色着装打扮,技术工人会穿着符合技术工人身份的服装,由此告诉人们自己是社会一员的自我意识。

关于社会性自我的形成,下面从现实中的自我和理想性的自我、性与角色、个人与所属群体的同一性等方面加以讨论研究。

1. 现实性自我与理想性自我

人们平时穿衣服可以很随便,但如果参加聚会等社交场合就要考虑穿着服装的形象问题。例如,大学生参加毕业求职面试时,未来职业需要的理想的自我形象和现实的自我形象会有很大的差距,从发型到着装都充满学生味的形象与职业阶层的形象相差很远,因此,有必要按照未来职业需要的理想的自我形象打扮自己。

学者们关于实际—理想的自我意识与社会服装行为方面的研究做了很多。在服装学中很多都是研究自我意识与自我形象统一起来等方面的问题。

生活中,人们自觉不自觉地都期望自己的形象漂亮、有魅力,因而按照自己期望的形象穿着打扮,有的人甚至去做美容手术。通常人们通过着装打扮向他人传达自我形象,但有时也会穿着与以往形象不同的服装,目的是向他人传达新颖的形象。这些着装打扮一般来说是符合自己的实际形象的,但有时也要追随明星、演员,通过模仿穿着来改变自己的形象。有研究结果表明,外向型夸示性群体的男性喜欢穿着成熟老练形象的休闲类服装。

人们的现实性自我形象和实际性自我形象都与服装的流行有关。人们为了提高自己的现实性自我形象和理想性自我形象，会对流行服装很关心，因为只有很好地了解流行服装，穿着打扮顺应潮流，才能得到他人对自己的着装"讲究有品位"的评价。

2. 性与角色的认识

社会性自我意识中的性别整体感是非常重要的。人们基本上是按照自己的性别来支配自己的行动。服装在社会性自我意识方面有告诉人们自己的性别和角色的功能，在标志人们的性别方面具有重要的作用。虽然近年来十分流行休闲装、牛仔装和运动装，但随着这些服装被接受的范围的增加，其性别特色也越来越强。如牛仔装已经由原来的少数几款男装发展到有适合不同年龄女性穿着的各种款式。

从孩童时期起，男孩一般穿着蓝色系列的衣服，女孩穿粉色系列的衣服，等长到三四岁后，女孩穿裙子，男孩则总是穿裤子。尽管近年来服装中性化的趋势很强，但除了个别民族习惯外，没有给男孩穿裙子的。由此可见，人们在社会生活中通过着装可以判断每个人的性别和应该扮演的社会角色。

儿童从很小的时候起就比较多地接触与自己同性别的父亲或母亲，他们会模仿父母的模样、行动和表情，努力效仿父母的社会角色。即女儿模仿妈妈、儿子模仿爸爸来认识到自己将要成为的社会角色。随着他们年龄的增长，在学校和社会生活中交结朋友，意识到自我的存在，意识到自己是所属社会群体的一员的社会角色。

3. 个人与所属群体的同一性

要理解这个问题，首先应该分析自我意识的发展过程。一般来说，人们模仿所希望成为的对象是比自己年龄大的、学识水平高、聪明有智慧的、强壮魁梧的人，作为同一性的对象，人们会模仿他们的行动表情和着装。

中学时期，有的学生会以某一位自己崇拜的老师为模仿对象，仔细观察老师的一举一动，包括态度、脸部表情、语言、着装等，长大后也会模仿老师的着装打扮，与老师同一性的心理也同时发展起来，希望自己具有与老师同样的形象。梦想长大后能够成为足球运动员的孩子，会喜欢穿着足球运动员服装，穿着运动员服装有种自我满足感，希望自己长大后能成为一名具有运动员形象的"帅哥"。还有，当学生干部的学生会自觉地着装端庄整洁，就像军人、警察、医生一样，着装后会感觉到自己角色的重要和使命感，成为社会性自我意识的重要组成部分。

通过社会生活人们会意识到社会性自我和自己的社会角色，认识到按照社会分工自己的社会角色是什么，应该采取什么样的行动，应该如何着装，应该具有什么样的容貌。公共性的自我意识和社会性责任感与着装态度的相关性研究结果表明，公共性自我意识水平高的人，对服装的依赖性也高，对服装很关心，特别是认为着装与他人的同一性很重要。

自我意识中的公共性和个人性的自我意识有同一性，但公共性自我意识的特征是把自己看做是社会性群体的一员,表现在着装方面力求与社会保持整体上的协调一致。个人性自我意识的特征则是从自己个人的角度出发,对自己充满幻想,个人性自我意识常常表现出"我是有学识的人"、"有魅力的人"等,按照自己的想法采取行动,其行动常常会与自己的社会角色应该采取的行动不一致,在着装态度方面也是一样。例如有的大学生自认为着装打扮是自己的事,自己认为美就行,有时出于自己的某种一时兴趣会打扮得很特别,让他人看了不知说什么好,回头观望着、品头论足者甚多,自己却觉得"回头率高",很满足,不知是自己的穿着打扮与自己的社会性角色(大学生)不符。

关于个人性自我意识的各种心理因素研究结果表明,个人性自我意识趋向于对自己内在方面的关注,对自己的外貌评价高的人(即认为自己长得很漂亮的人)对着装也非常关心,通过着装进一步美化自己的形象,喜欢穿着流行服装。还有研究结果表明,公共性自我意识强的人,由于是把自己看作是社会性的对象,因此对公共性的自我表现很关心。他们对服装流行、服装的同一性、对现实生活中的各种时尚因素都很关心,并且把服装作为减少社会性不安定的手段来应用。例如遇到很不愉快的事情时,会把着装打扮作为自己不愉快心情的发泄方式,避免了采取其他极端行为(如酗酒、打架等)可能会导致的影响社会安定的倾向。

这种对"个人性自我"的认识不同,其行为也不同,服装行为的不同意味着对"作为群体一员的自我"的意识不同,这一点不可忽视。如大学教师,作为知识分子群体的一员,其行动和着装应该与其社会角色相符。

关于公共性自我意识和服装购买评价标准的研究结果表明,公共性自我意识高的人,购买服装时会把时尚和魅力作为最重要的评价标准,即重视社会性形象的人是有意把服装作为公共性外貌管理的手段的。

以上就自我意识理论与服装行为进行了阐述。不仅仅是身材性的、精神性的自我意识与服装行为的关系密切,通过服装来探索自我意识的延伸都应该深入地进行研究。

思　考　题

➢　叙述自我意识的构成、特点和评价性特征。
➢　人的自我意识是如何形成的? 什么是理想型自我?
➢　叙述 James 和 Allport 的古典自我意识理论的基本观点。
➢　叙述社会性和现象性自我意识理论的基本观点。
➢　人的身材性自我意识对服装行为有哪些影响?
➢　人的社会性自我意识对服装行为有哪些影响?

第七章 社会心理与服装行为

· ·

我们可以想象,在人类的所有行为中,很难找出不受社会影响的例子,简单的如吃饭、穿衣,复杂的如语言、动作、思想等,服装行为亦是如此。因此本章介绍社会心理影响下的服装行为,包括人际知觉与服装行为、人际交往与服装行为、非语言性人体交往、群体对个人服装行为的影响、社会角色与服装行为等。

第一节 人际知觉与服装行为 ·

在前面的章节中,尽管我们已经学习过人对自然界中物的知觉,但在我们与周围的人打交道时,也会形成人对人的知觉。这种知觉是指个体对他人的心理状态、行为动机和意向做出推测与判断的过程,所以也叫人际知觉。

一、印象形成的特点及影响因素

个体在相互交往中,必然要对他人产生一定的印象,如诚实、善良、虚伪等。在此印象的基础上,个体将形成一个对他人的基本态度,并决定自己与其交往的方式。在印象的形成过程中,衣着服饰起到了非常重要的作用。

1. 印象形成的特点

在人与人的交往中,人们通过感觉器官有选择地接受来自于社会的或人际的信息刺激,如服饰、表情、语言等。并通过与已有的经验相结合,形成了对人的印象。

(1) 印象的一致性

由于种种客观条件的限制,人们对他人的印象和特征的判断,往往是在有限信息资料的基础上形成的。在对人的特性作出判断时,具有追求一贯的、前后一致的倾向,会趋向于把他的各种特性协调一致起来,力求获得一个统一的印象。因此,在生活中存在这样一种现象,我们不大可能把一个人看成既是好人又是坏人、既是开放的人又是保守的人。在服装上,一方面,强调服装本身的整体搭配。当服装或服饰的个别部分破坏了整体的协调感,如上身穿古典服装下身穿牛仔裤时,我们感到的不是"高雅"而可能是"俗气";另一方面,强调服饰与着装者其他行为的协调一致。否则当出现矛盾或不协调时,就会给人们留下较坏的印象,如有人虽然身穿高级品牌服装,却随地吐痰、满口脏话,人们对其印象不但不会因穿高档服装加分,反而会失分。

(2) 印象的评定性

我们与他人交往,可依靠对方的相貌特征、衣着服饰等大量信息,作出各种有意义的评价、综合、概括,形成对他人的印象,这就是印象的评定性。社会心理学家认为,对人的印象由三个基本维度构成:①估价维度,如好——坏;②力量维度,如强壮——软弱;③活动维度,如积极——消极。其中,第一个维度最为重要,即这个人是好是坏,将决定我们喜不喜欢这个人。一旦我们对某人评价为好,对其他方面的知觉也会持肯定的态度。如我们对一个人的印象好,即使他的穿着打扮并不怎样,我们也不会在意或挑剔。

2. 影响印象形成的因素

任何一个印象的形成,都必须具备三方面的条件,它们是认知者、被认知者及交往情境。

(1) 认知者

认知者即形成印象的主体。认知者在对他人形成印象时,常受其心境、情感、需要、动机、过去的经验等认知系统的影响。此外,还与他的职业、兴趣、价值观等因素有关。例如面对同样一位打扮入时的女高中生,选秀评委可能因为该女孩会打扮、思想新、善于展现自己,而对她产生不错的印象。中学教师却更在乎这孩子的智力水平、思想品德,反而会对她的这种打扮产生反感,认为学生的主要任务就是学习,把精力放在打扮上是不务正业、不求上进的表现,因此对她的印象可能会更差。

(2) 被认知者

即被他人形成印象的人。被认知者的许多特性会左右人们的印象,这些外在的特性主要包括服饰、面部表情、眼神、声音等。人们在相互交往中,最先引起注意的往往是仪表,仪表是否吸引人是形成印象一个至关重要的因素。如美丽的面孔比丑陋的面孔更能打动人,身体高大、矮小、健壮、瘦弱及肢体上的缺陷都会影响人们的看法。个人的穿着打扮也会对印象的形成起着重要的作用,通常情况下,人们会觉得穿戴齐整者比不修边幅的人更有教养,更懂得尊重别人。

(3) 交往的情境

任何认知者与被认知者都是在一定的情境下进行接触交往的。在印象的形成过程中,认知者往往会根据具体的情景作出对被认知者的判断,因为情景可以提供认知者了解被认知者的线索。在形成印象的过程中,不同的交际情景要求着装者具备相应的着装方式,才能给人留下积极的印象,如图 7-1 所示。当职业装出现在办公场合,被认为是积极的。相反,如果出现在宴会的社交场合,则被认为是不恰当的。

社会上是 "消极的"	工作场合是 "有知识的"	运动会上是 "积极的"	庄重场合是 "缺乏教养的"

图 7-1　印象形成

二、人际知觉的偏见

人际知觉偏见是指在人际知觉中出现的一些带有规律性的认知误差或认知偏差,主要有以下几种表现形式。

1. 首因效应

我们会有这样的经验,当我们在和别人交往时,往往比较注意最早的信息,这就涉及到与人初次见面时的印象。所谓首因效应,是指人际交往中给人留下的初次印象至关重要,对印象形成有很大影响的效应,因此也称第一印象效应。在我们日常生活中,随时随地都有首因效应发生。例如某教师第一次上课,仅凭他的衣着、谈吐、对学生的态度等有限资料,就会构成学生对他的第一印象;学生来上大学的第一天,同学之间彼此会形成首因效应;在求职面试时,求职者也会给考官第一印象等。首因效应主要是根据对方的身材、服饰等外表,以及表情、姿势等行为表现而综合信息形成的,这些表面的特征往往成为推断他人身份、地位、个性的线索。

首因效应总是很深刻、鲜明、牢固,往往能成为一种定势,并对日后人们的行为活动和评价产生影响。如果第一印象好,人们就愿意接近;相反,若初次留下的印象不良,人们就不愿接触。当然,在以后的交往与活动过程中,第一印象并非不可改变,但改变起来比较困难。所以当我们在第一次和别人接触时,要进行精心准备,注意自己的衣饰、仪表,力求给对方留下良好的第一印象,为以后的交往奠定基础。

首因效应有时是有偏差的。知觉中首因效应的形成,确有偏重外表而忽视内涵的倾向。所以生活中仅凭仪表、容貌来认识一个人时,常常会出问题。

2. 定型效应

定型效应也称刻板印象,是指根据过去的经验或有限的信息资料,对于某一类人产生的一种比较固定、概括而笼统的看法。由于生活在同一地域或文化背景中的人们常表现出许多相似性,个体便将这种相似的特点加以归纳、概括到认识中并固定下来,于是形成了定型效应。例如,说到科学家,人们脑子里就会浮现身穿白大褂、头发花白、戴着老花镜的知识分子形象;讲到发了财的大款,人们就会想起身穿名牌服装,脖子、手腕和手指上佩金戴银的生意人形象。定型效应的形成可以通过与某些人或群体频繁接触而获得,也可以根据他人介绍、媒介传播等间接资料来得到。有了对某类人的定型效应,就难于改变,而且人们在社会知觉中常用它去"同化"某一个体,只要某一个体被"同化"到群体中,对群体的定型效应自然也适于这个人。例如,在一般人的心目中,教师的形象应该是衣着整洁、举止文雅,而一旦发现某教师衣衫不整,举止随便,便会难以接受。

定型效应的产生,是出于对一类人的共同特性的笼统概括。我们可以把认知的对象作为特定的群体成员来认识,有选择地抓住其突出的特征,有助于简化认识过程。如对于穿各种制服的人,我们会很快地认定他的职业;凭大学生的着装打扮,我们也一眼能看出他是高年级学生还是刚进校的新生。但由于定型效应容易先入为主,因此容易产生偏差,有时甚至是错误的。例如,穿中山服的人就是老干部,佩戴耳钉的男人不务正业,穿得开放的女性不正经等。

3. 晕轮效应

晕轮效应也称光环效应,指从他人具有的某个特性泛化到其他品质上去,由局部信息形成一个完整的印象的过程。就像月晕一样,从一个中心点逐渐向外扩散成越来越大的范围。"情人眼里出西施"就是一种晕轮效应。显然,晕轮效应是在人际交往中形成的一种被夸大了的社会印象和盲目的心理倾向。如果认为某人好,那么他就被积极的光环所笼罩,人们就会把热情、聪明、慷慨等其他好的品质赋予他;相反,如果认为某人坏,则其他方面的品质也不好。人们在交际中,特别是初次见面时,由于缺乏必要的线索和信息,因此,会根据外部的一些表面特征作为认知的线索加以逻辑推理。例如,根据某人的身体状况、穿着打扮来推断其性格。看到一个很胖的人,就推断他是一个开朗、热情、没有思想负担、贪图舒服的人,因为人们认为"心宽"才会"体胖";看到一个西装革履、文质彬彬的人,就推测他是个有教养的人。

在对人的所有印象中,外表吸引力的晕轮效应尤为显著,一个人的相貌好坏会影响人们对其个性、社会能力和其他特征的判断。心理学家戴恩(K. Dion)等人的研究结果也说明了这一点。他们分别让被试者看一些相貌美丽的人、相貌一般的人和相貌丑陋的人的照片,然后要求被试者评定这些人的特点。结果发现,相貌漂亮的人得到了很高的评价,而相貌丑陋的人则得到了较低的评价,如表 7-1 所示。

表 7-1	刺激人的相貌	相貌漂亮者	相貌一般者	相貌丑者
相貌美丑对认知产生的晕轮效应　特征评定				
人格的社会合意性		65.39	62.42	56.31
职业地位		2.25	2.02	1.70
婚姻美满状况		1.70	0.71	0.37
做父母的能力		3.54	4.55	3.91
社会和职业的幸福程度		6.37	6.34	5.28
总的幸福程度		11.60	11.60	8.83
结婚的可能性		2.17	1.82	1.52

注：表中数值越高。表示所评定的特征越积极。

　　晕轮效应之所以产生，是由于印象的一致性、或掌握知觉对象的信息少又要作出总体判断时产生的，所以晕轮效应常常会造成认知错误，其根源在于以偏概全。在马路上常出现这样的情景：当你穿着整洁、得体的服装在道路上开车时，即使有些违规，由于晕轮效应，交警认为你不是坏人，只是由于你不小心违反了交通规则，像你这样的人，下次是不会再犯的，所以不一定被罚；当你穿着又脏又破的衣服骑一辆破车而违规时，多半会被叫停接受处罚，因为交警认为你的服装代表了你的修养，代表了你遵守交通秩序的意识较弱；而当你穿着又脏又破的衣服骑一辆高档新车时，即使你并没犯规，可能也要被交警盘查，因为他认为你穿这样的服装是买不起这样的车的，车的历来可能不明，这是由于印象的一致性造成的。从以上的例子来看，交警对人的判断也许是错的，但他们的判断方式是来自于其以往的工作经验，说明有其可取之处。所以晕轮效应的确存在于我们的生活中，我们实际上在自觉和不自觉地在运用这个原理。

　　4. 投射效应

　　投射效应，是指个体依据其需要、情绪的主观意向，将自己的特征投身到他人身上的现象。其实质是个体将自己身上所具备的心理或行为征特，推测成在别人身上也同样存在。

　　人际知觉中的这种"喧宾夺主"的投射效应，使得个体在进行社会交往时，会不自觉地将自己身上所具有的一些人格特点投射到客体身上，从而将一些本不属于他人的心理行为特征强加到对方身上，扭曲了别人的真实面貌，从而形成认知错误。在生活中，我们往往假设他人与自己具有相同的属性、爱好或倾向等，所以认为别人理所当然地会按照自己的想法行事。如生活中的一些女性，认为女人理所当然地应该注重穿衣打扮，因此看不惯不思装扮的女性；一些爱好化妆的人，总以为别人也应该像她一样喜欢化妆。于是一有机会就向别人热情推荐化妆的好处，久而久之则成为他人心目中"多管闲事"之人；许多年长的父母，都希望孩子按照自己的想法穿衣打扮，如果孩子不从，势必引起两代人的冲突。所以这种"以己度人"的投射效应往往是错误的。

三、归因理论

归因是人们根据行为或事件的结果,通过知觉、思维、判断等内部信息加工过程而确认导致该结果的原因的认知过程。归因理论可以解决社会行为的因果关系,几种比较典型的理论如下。

1. 海德(F. Heider)的归因理论

海德提出个人行为的原因来自于内因和外因两个方面。内因是指导致行为发生的个体自身的原因,如性格、动机、情绪、态度等;外因是指导致行为产生的外部环境方面的原因,如环境气氛、对行动个体产生影响的人等。此外,海德还认为人们寻求原因一般会遵循"协变原则"行事,即在多种可能导致原因的因素中,只有与待解释的行为协同变化的因素,才会被判定为行为或事件的原因。

2. 琼斯(E. F. Jones)和戴维斯(K. Davis)的相应推断理论

所谓相应推断是指外显的行为是由行动者内在的人格特质直接引起的。该理论认为一个人之所以采取某种行为是为了有意达到某种特定的目的,如果我们能够知晓其行为背后的真正目的,对其个性的推断就会变得更有把握。此外,琼斯和戴维斯认为,从行动者意图到行动者个性本质的判断应该考虑三个主要因素:一是社会赞许性。是指某一行为是大众所期望和接受的。二是非共同效应。即不同的行为产生的效应不同,非共同性效应越少,相应判断的可靠性越高。三是选择的自由性。即如果我们知道某人的行为是其自由选择的结果,则他的行为与态度之间理应是一致的,这样就容易作出相应推断。

3. 凯利(H. Kelly)的多重归因理论

这个理论提出,个体在归因过程中依赖于三个方面的因素:客观的刺激物、行动的发出者和所处的情景。它遵循的是协变性原则,即当上述的多个因素同时出现时,应该在不同的条件下寻找结果和原因的联系。例如某个特定的原因在不同的情境下和某个特定结果相联系,我们则可以把那个结果归于那个原因。同时,个体在归因中还会利用三个基本原则:一是区别性原则。即针对客观刺激物,行动者是否不对同类其他刺激做出相同的反应。二是一贯性原则。即针对情景,行动者是否在任何情景和任何时候对同一刺激做出相同的反应。三是一致性原则。即针对人,其他人对同一刺激是否也作出与行为者相同的反应。

在服饰领域,归因理论一直被用来解释个体着装行为的原因,比如可以用来解释哪种服装可以用来降低对体型缺陷者形成的定式反应。归因理论也被用来解释、预测犯罪心理和女性受害者着装之间的关系。大量研究表明,服装和化妆会影响女性被性侵的责任归因。沃克曼(J. E Workman)等人为了调查化妆对女性印象形成的影响,调查了女模特在不化妆、适当化妆和化浓妆情况下的照片。结果发现,尽管化妆品的使用很大程度上影响着吸引力和女性特质,但化浓妆的女性却被归因为道德缺乏者。在评价女被性骚扰的可能性时,大多数被试认为,模特化浓妆比适当化妆或不化妆时更易引发性骚扰。也许女性化妆只是想增强自己的外表吸引力,然而,一些人尤其男性可能更会理解为,她们使用化妆品的真正目的是为了增强性吸引力,所以更容易导致性骚扰的发生。

女性容易遭受性侵是全球面临的一个社会问题。然而西方学者经过多年的研究发现,女性的服装常常被归咎为诱发性侵的一个重要因素。在大多数人看来,尽管施暴者应当受到责备,但穿着暴露服装(如低领、短裙、紧身衣)的受害者也应为此遭遇承担一定的责任。他们认为受害人的着装打扮很大程度上鼓励了性侵行为的发生,尤其是在彼此熟悉而进行约会的情况下,性侵实施者很可能会把暴露的服装解读为约会对象的主动煽情或者性暗示。当然这种归因或许是错误的。

四、服装在人际知觉中的作用

1. 服装和对人的认知

从以上的学习可以知道,一个人的外观,包括衣着服饰,给人们提供了某种认知的线索。人们常常通过一个人的衣着服饰来判断他的个性、职业、社会地位和角色等,从而形成某种印象,并在此基础上决定相互交往的方式。

在日常生活中,人的具体形象是通过服装才完整地呈现在众人眼前的。一个人从远处走来,首先进入我们眼帘的是他的服装色彩与轮廓,接着才是他的面貌。一位英国社会学者说过:"所有的聪明人,总是先看人的服装,然后再通过服装看到人的内心"。美国一位研究服装史的学者说:"一个人在穿衣服和装扮自己时,就像在填一张调查表,写上了自己的性别、年龄、民族、宗教信仰、职业、社会地位、经济条件、婚姻状况、为人是否忠诚可靠、他在家中的地位以及心理状况等。"因此,一个人的着装可以表现出他多方面的情况。然而由于刻板印象的作用,这使得人们对衣着服饰也常常带有偏见。这就是说,在实际生活中,服装是我们认知人的一个重要途径,但仅凭衣着服饰来判断一个人有时是很不可靠的。

2. 服装隐含的个性理论

在与他人交往时,尽管我们试图尽可能多地了解对方的情况,但大多数场合我们得到的只是关于他人的一些支离破碎的信息。即使这样,我们仍可据此对他人形成一个较为完整的印象。这是因为我们过去的经验形成的关于人的"类型化图式"在起作用。

一个人的外表特征,包括相貌、服装、体型等与个性特征之间也存在着一定关系。一个衣着整洁、注意修饰的人,在别人看来可能是"严谨的""认真的"。日本学者藤原康晴对服装和隐含的性格特征之间的关系进行了研究,结果如表7-2所示。结果发现,服装在同性间主要是"人际关系的形成和维持",在异性间则主要是"善意感情(人际吸引)"。

表 7-2
服装特征和性
格特征的关系

组别	服装特征	性格特征
第1组	正统的,不拘泥品牌的,简朴的	易亲近的,感觉迟钝的,不自信的
第2组	平凡的,碎花图案的,中间色的,花样的,谨慎的	保守的,内向的,老实的
第3组	寒色系的,朴素的,单色的,暗色的	知识的,冷静的,认真的,阴郁的
第4组	女性化的,拘谨的,式样漂亮的,紧身的	服从的
第5组	粗犷的,轻便的,外观宽松的	阳刚的
第6组	暖色系的,花纹的,装饰的,明色调的	感情的,无知识的
第7组	男性化的,条纹花色的,大花型的	支配的,活泼的,不认真的
第8组	原色的,个性的,大胆的,华丽的,流行的,品牌指向强的	敏感的,上进的,外向的,自信的,难亲近的

　　另一日本学者神山进等采用与藤原基本相同的方法,对包括服装在内的男女容姿与个性特征间的关系进行了研究,结果如表 7-3 所示。其结论是:①由个性联想到的显著容姿特征是"服装的奇异性、新奇性"和"身体和相貌的胖瘦、大小"。②由容姿联想到的显著的个性特征是"亲和性"。③男性在评价女性容姿魅力性时强调"容姿的圆润和开朗",而女性更加重视"身体和相貌的严整、匀称"。④关于服装和相貌、身体的组合,至少可确认三个认知上的整合。一是"轻便的服装、明色调的服装、暖色系的服装"和"圆润的体型、粗眉、圆眼、突起的脸颊、大眼"的整合;二是"讲究的、暗色调、寒色系的服装"和"扁平的、有棱角的体型,眯缝眼、消瘦的脸颊、小眼"的整合;三是"都市风格的、高价的、流行的、名牌服装"和"高个子、长腿、匀称的身材"的整合。

表 7-3
容姿特征和个
性特征的关系

组别	容姿特征（男性）	个性特征（男性）	容姿特征（女性）	个性特征（女性）
第1组	乡村风格、低价的、正统的、品牌不知名的、普通的服装,个子矮、腿短、体型松弛、胖、搭拉眼、八字眉、睫毛短	慢性子	领口闭合、开衩浅、用色少、露出少、普通的服装,化妆谈、指甲淡、未染发、肤色白、八字眉	有区别的、感觉好的
第2组	轻便的、明色调的、暖色系的服装,臀围大的、胸围大的、厚实的、圆润的体型,圆脸、浓眉、圆眼、双颊鼓起、大眼、有魅力的	心宽的、易亲近的、热情的	乡村风格、廉价的、正统的、品牌不知名的服装,身材矮的、腿短的、松弛的体形、不匀称的体形、溜肩、搭拉眼、睫毛短	慢性子、消极的、内向的

组别	容姿特征（男性）	个性特征（男性）	容姿特征（女性）	个性特征（女性）
第3组	领口闭合的、开衩浅的、用色少、露出少的服装，淡妆的、臀围小、胸围小、肤色白、溜肩、体型窄、身材矮小、细眉毛的	消极的、内向的	轻便的、明色调的、暖色系的服装，身材高大、圆润的体型、牙齿整齐、浓眉毛、圆眼、双颊鼓起的、长睫毛、大眼、有魅力的	心宽的、有责任感的、易亲近的、热情的
第4组	指甲谈的、未染发的、身材匀称的、小骨架的、胳膊细的、瘦的、牙齿整齐的、嘴小的、薄唇、嘴角紧闭的、鼻孔小的、脸小的	有区别的、感觉好的、有责任感的、有知识的	指甲浓的、染过发的、领口开的、开高衩的、用色多的、露出多的、奇异的服装，浓妆、吊眼、倒八字眉	无责任感、难亲近、不热情、感觉差、急性子
第5组	指甲深、染发、浓妆的，身材不匀称的、骨架大、耸肩、体型宽、胳膊粗，牙齿不整齐、厚嘴唇、口角松弛、鼻孔大、脸大、缺乏魅力的	无责任感、难亲近的、无知识的、感觉差的	臀围小的、胸围小的、骨架小的、体型窄的、胳膊细的、瘦的、嘴小的、长脸、厚嘴唇、口角紧闭、鼻孔小、小脸	知识的
第6组	领口开的、开衩深的、用色多、露出多的、奇异的服装，肤色黑的、身材高大、嘴大的	积极的、外向的、无区别的	式样漂亮、暗色调、寒色系的服装，扁平、有棱角的体型，牙齿不齐、细眉、眯缝眼、双颊消瘦、小眼、无魅力的	心胸狭窄的
第7组	式样漂亮的、暗色调、黑色系的服装，扁平的体型、有棱角的体型、吊眼角、倒八字眉、眯缝眼、双颊消瘦的、眼睛小的	心地狭小的、不热情的、急性子	都市风格的、高价的、流行的、名牌的服装，高个子、长腿、体型匀整、耸肩	积极的、外向的
第8组	都市风格的、高价的、流行的、名牌服装，高个子、长腿、匀称的体型、长脸、长睫毛		臀围大的、胸围大的、肤色黑的、骨架大的、宽厚的体型，胳膊粗的、胖的、嘴大的、圆脸、厚嘴唇、口角松弛、鼻孔大的、大脸	无知识的

第二节 人际交往与服装行为 ·····································

　　在人的所有生活经历中，最为重要的经历恐怕是与人打交道了。在与人的交往中，我们常常会遭遇愉快、缠绵、烦恼、怨恨等心理体验，所有这些体验无不与人际关系相关联。这些情感体验的不同，主要取决于人与人之间的相互亲近或相互疏远交往关系的差异,所以,人际关系就是人与人之间的相互喜欢或相互厌烦的感情关系。

一、人际吸引与服装

1. 影响人际吸引的因素

人际吸引是与他人建立良好人际关系的基础,人人都想得到别人的喜欢,也希望能遇上自己喜欢的人。因此,人际吸引是在人际交往过程中形成的,是人与人之间相互接纳和喜欢,对他人给予积极和正面评价的倾向。人和人之间的心理距离,不同层次的人际关系反映了人和人之间相互吸引的程度。影响人际吸引的主要因素有以下几个方面:

(1) 接近吸引

接近吸引是指交往的双方生活空间距离越小,则双方越容易接近,因此彼此之间越容易相互吸引。俗话说的"远亲不如近邻""近水楼台先得月",实际上都说明了空间上的接近点是友谊形成的重要因素。不过,空间上的过于接近,就容易侵犯到对方的隐私,反而易让人产生反感。

(2) 相似吸引

在人们的交往过程中,如果双方在年龄、性别、职业、社会地位、文化程度,尤其是认知态度上具有某种一致性或相似性时,就容易产生相互吸引。在交往中,如果着装风格上、偏爱上相似,就会让人产生心理相容,彼此吸引。我们常常看到身边有着相同着装爱好的女子形影不离,就是一个例子。

(3) 互补吸引

人际互动的双方,尽管有时彼此的态度、能力等大相径庭,但是,当双方的心理需求正好成为互补关系时,也会产生强烈的吸引力。也就是,当一方所具有的品质和行为正好可以满足另一方的心理需要时,前者就会对后者产生吸引力。在生活中,我们可以看到以下一些现象:男性支配欲强,女性依赖性强,因此易产生吸引力。学习成绩差的学生对成绩好的学生十分喜欢。不懂装扮的人对善于打扮的人有着强烈的交往愿望等。

(4) 对等吸引

在与人的交往中,人们怀有这样一种心理倾向,即喜欢那些同样喜欢自己的人。这种有意或无意的报答性现象,就是古语所云"敬人者,人恒敬之"的心理机制。

(5) 个人吸引

交往双方的个人特征也是决定人们相互吸引的关键因素。个人的相貌、能力、特长、衣着、仪表、风度等都会影响人们彼此间的吸引。在个人吸引中,相貌是一个重要因素。有研究表明,如果其他条件都相同,相貌好的人要比相貌一般的人招人喜欢。有心理学家研究发现,一般人居然认为相貌美好的人不但智力较高,而且心地较为善良,生活也比较愉快。虽然不能以貌取人,但生就一副漂亮的面庞,在竞争激烈的社会上还是有很多时机会"占到便宜的"。

2. 服装在人际吸引中的作用

服装在人际吸引中的作用主要表现在两个方面,即服装的魅力性和服装的类似性。服装魅力性是指一个人通过服饰产生的形象对他人的吸引程度。有人把服装魅力性分为"美的吸引力"、"流行吸引力"和"性的吸引力"三个维度。心理学有"报酬—善意效果"之说,即,我们对能给予我们报酬或喜悦的人抱有善意的态度。外表的魅力如相貌、气质较好,常能让我们身心愉悦,从而激发我们希望接近的动机。衣服、化妆、发型、服饰配件等给予人们外表魅力的影响力是不能忽视的。

豪尔特也就"服装的魅力性"和"人的魅力性"的关系进行了研究。结果发现:"富有魅力的服装能提高人的魅力和吸引力","外表的魅力对说服人们转变态度方面也有一定作用。"

衣着服饰是人的外表的一部分,也是可以直接观察和觉察到的部分。在人际交往中,根据相似吸引原理,外表的类似性可以增强相互间的吸引力,故衣着服饰的类似性会直接影响双方的交往。根据这种认知,我们也可理解,生活中的许多人对服饰的重视与热切追求,其目的就是为了能在与别人互动中留下好的印象。

第三节　非语言性人际交往

人际关系的形成,离不开人与人的交往过程,这种交往包括人们之间的感情、兴趣、性格等多方面的信息交流。人与人的交流方式很多,如直接面对面的交往或通过一定媒介的交往;有言语交往和非言语交往。服装作为一种典型的非言语符号,在人际交往中起着重要的作用。非言语交往是指人与人之间进行的以非言语符号为中介的信息交流的过程。它又分为动态无声的、静态无声的、有声的三种交往类型。

一、服装的象征性

服饰作为一种无声的社会语言符号,在人际关系越来越重要、人际交往越来越广泛的今天,日益发挥着重要的作用。服装不仅反映着一个人的性别、年龄、职业、地位,也反映着一个人的社会角色、性格乃至情绪倾向。各种颜色、式样、档次的服装,正好反映了人们的多种需要,也反映了着装者不同的特点。崇拜名牌、高档服装的人,会很乐意把服装的标记显露出来;追逐时尚的人,会很愿意穿着流行的服装;注意洁身自好的人,会时刻注意自己服装的规范和整洁;喜欢被人们注意的人,总喜欢标新立异地穿戴。

1. 服装象征性的内容

服装象征性表现在以下几个方面:

(1) 生态性象征

无论是未开化的原始民族,还是文明社会,都善于用服饰来区别人的性别、婚配及种族的状况。其中性别的象征性标识是人类普遍采用的一种方式。

一般的特征是，女装在材质、色彩和形态上多具备有装饰性的、刺激性的、优雅的、富于变化的特征，其着装选择的自由度较大，皮肤裸露的范围也大。而男装则正好相反。

（2）地位、身份、权力的象征

服装可以象征服用者的地位、身份等社会属性，是各社会、各时期常见的一种象征表达内容。在原始社会里，酋长、族长等首领和统治者，为了象征其权威，喜欢用特定的服饰来装身。在文明社会中，则是通过服饰制度来表达象征性内容。

（3）职业、行动的象征

在现代社会中，由于社会分工的细化，对应于各种工作的特性产生了各种职业服。这些职业服除了具备各种相应的机能外，同时也作为那个职业或职务的象征发挥着标识的作用。

（4）集团的象征

特定的社会集团有其特定的服装，象征着服用者的所属。现代企业为了在激烈的市场竞争中生存，大多利用有统一标识的制服树立鲜明的社会形象。

（5）情感的象征

用以表达服用人在不同的场合、不同的情感状态下的心理。喜、怒、悲、哀是人类的基本感情，在这种心情和状态下，人类的服饰是有明显的区别的。在欢乐的时候，人们的服饰一般都比较鲜艳、绚丽多彩；在悲哀的场合，人们的服饰则比较单调、色彩沉重；在正式的官方场合和仪式上，人们的服饰则多半比较严肃和持重。

（6）宗教、信仰的象征

在远古时期，服饰上往往有图腾信仰的标识。宗教派别不同，服饰各异的情况也是很明显的。基督教徒喜欢佩挂十字架，泰国的佛教徒则喜欢挂小铜佛。穆斯林女教徒往往穿着带面纱的长袍；在我国，佛教徒戴的是一种无檐的僧帽，穿的是袈裟。因此，从不同的服饰上可以区别其宗教信仰。

二、印象管理

1. 印象管理的定义

我们在日常生活中，可以见到这样一些有趣的现象：年轻姑娘去公共场合之前，需要化妆打扮，在镜子里还要仔细审视一番，希望在众人眼里展示自己的风采；小伙子在和女友约会前，也总是想方设法把自己修饰得更加体面和潇洒。因此，在人与人的交往中，我们总会自觉或不自觉地选择适当的装束、言行和姿态，以期望给对方留下一个好的印象。这些通过一定的方式，有意识地影响或控制他人对自己印象形成的过程叫印象管理，也称印象整饰。

2. 印象管理的作用

（1）印象管理使人在不同的场合、面对不同的交往对象做出自我表现

人际交往和互动过程就像在上演着一出戏，每个人都在表演自己的节目。由于交往的对象和环境的不同，必须使自己的表演方式呈现出差异。在人际

交往中,每个人都希望努力演好自己的角色,尽量让自己的外表形象和言语适合于这个角色情景,这样做的目的,一方面可以赢得别人的正面评价和赞扬,另一方面也是对自己社会适应能力和自我调节能力的展现。

(2) 印象管理在人际关系中起着很重要的作用

也许会有人认为,人与人相处,要诚实无欺,通过操控别人对自己形成印象,无疑是一种虚伪的社会交往手段。实际上,这种看法是错的。因为印象管理本身无所谓好坏,关键在于运用这种手段要达到什么目的。从其积极的方面来说,印象管理可以用来调节与润滑人际关系,使我们的交往能顺畅地维持下去。这样的例子在生活中往往可见到。如当你到好友家做客,你穿戴整齐,选择些适当的礼品,并用热情的言语表达对主人的敬意,主人也同样会用一定的方式表示对你的欢迎。国家间的往来也是如此,国家元首及其随从在出访国外时,都要进行一系列服饰、礼节等印象管理手段来示以友好。又如我国早期的革命活动家彭湃,在刚下农村去宣传和动员群众的时候,尽管讲了很多透彻的道理,但工作总是开展不好。他自己也弄不明白其中的原因,后来经人提醒,才知道自己每次到农民中去都是西装革履、一副阔少爷打扮。于是,他换上了农民常穿的朴素服装,操起农民惯用的方言土语,经过一段时间的努力,农民运动终于轰轰烈烈地发动起来了,他也成了农民最知心的朋友。正是在此意义上,可以说印象管理是人类文明发展的标志和结果之一。因为随着社会由低级向高级发展,人的语言和行为会变得越来越文雅而有修饰,人们的欲望、要求等也由赤裸裸的表达方式,变得越来越含蓄和曲折。一般说来,不懂得印象管理的人常常给予人以威胁感和无教养感,人们也不喜欢同一个过份直率的人待在一起。

印象管理的作用还表现在交往者之间的谅解和促进的互动过程中。交往者必须不断保持印象整饰,设法保持彼此的尊严和面子。例如,当发现对方由于粗心大意造成衣装不整时,会装着没看见,以免对方出现尴尬和难堪;同样,当发现自己的服饰不恰当时,常常会向对方说声"对不起"。

(3) 人们有时也靠印象管理来维持自己的真实面目

在生活与交往中,人与人之间难免发生一些误会,比如由于你穿得十分暴露,当听到背后有人议论你不正经时,你可能会想,反正问心无愧,人正不怕影子斜,所以你可能照常我行我素,用以"验证"别人对你的错误印象。如果你急欲纠正他人的误解,立即穿得保守一些,就使得这种着装与先前大相径庭,结果反而让别人产生"欲盖弥彰"的印象。

当然,印象管理也有其消极的一面。一些人可能会运用这一手段来谋获私利,如社会上的一些骗子,特别懂得这一点,他们常常运用一定的服饰、言语、行为等印象管理手段来赢得人们的信任,以便达到行骗的目的。

3. 印象管理的策略

人们在运用印象管理来调解人际关系时,往往倾向于运用以下策略:一是根据交往对象来进行印象管理。交往对象的爱好、兴趣、个性等特性,是进行印象管理的依据。尤其当人处于不熟悉的环境时,往往将参照别人的特性来进行印象管理,以求增加和别人的相似性,获得别人的喜爱。二是人们有寻求印象一致的倾向。这又称为得寸进尺理论,这种心理效应表现为,一个人一旦接受了别人无关紧要的要求时,常常就会再接受更大的、甚至不合心意的要求。例如一旦给别人形成了你爱打扮,你很有经济实力用于服装消费的印象,那么即使你厌倦了在新潮服装中追逐时尚的做法,不幸的是,这时印象管理策略就会发生作用,使你不得不仍然表现出以前的样子,违心地继续追逐时尚。有时,为了保持这种印象的一致性,人们还可能表现出变本加厉,如果给别人留下了一个好的印象,有人甚至会强化这种印象,于是在行为中就表现为追求更高档次的服装。三是寻求社会的肯定。人们的服装行为一般倾向于符合社会规范,试图得到社会的肯定。

4. 影响印象管理个人因素

现代社会,随着经济收入的增加和教育水平的提高,人们越来越懂得如何利用衣着服饰来美化和表现自我了,但无论是利用衣着服饰还是美容化妆,都要受到若干因素的制约。

(1) 经济

印象管理通常要花费大量的金钱才能实现,对于尚不富裕的工薪阶层来说,昂贵的名牌服装和美容只能是可想而不可得。因此,"名牌的显示"便受到了限制。

(2) 文化修养

人们的文化修养、知识水平将直接影响印象管理的效果。如果衣冠楚楚,但行为举止欠佳,留给人的印象是不会好的。所以"得体"不仅指穿着,更指穿着与行为的相互协调一致,当然,文化修养不是一朝一夕可得到的。

(3) 身体状况

印象管理要因人而异,会受被整饰人身体条件的约束。人的外观不仅是服装,而且还通过手、脸、身体等反映出来。一个人无论如何美容,也不可能完全掩盖长年体力劳动造成的皱纹、老茧、暴起的肌肉等。可以想象,将老太太整饰成少女恐怕很难。

以上限制因素说明,如果不加限制地使用象征符号来表现自己或印象管理,效果可能会适得其反。也就是说,当我们利用衣着服饰进行印象管理时,应注意服装、个人特质和行为举止的协调。

第四节 群体对个人服装行为的影响 ....

前面所讨论的人际知觉问题,主要限于人与人之间的社会心理和行为表现。实际上,除以个人为基础的社会行为之外,人类更多的社会行为是在个人与群体或群体与群体之间产生的互动。个人与群体间在行为上有两个明显的特征:一是个人是群体中的一员,因此离不开群体。二是个人的行为受群体和群体中其他成员的影响,也受整个群体的约束和限制。

一、群体分类

群体也称团体。是人们为了一定的共同目的，以一定方式结合在一起，彼此之间存在相互作用，心理上存在共同点并具有情感联系的人群。群体的规模不能太大，一般为 2～50 人，或者再稍多一些。在太大的群体中，成员无法意识到他人的存在，也不可能与其有直接的交互作用。例如一个几万人的大学里，许多学生即使见过一两回面也没有任何交往，彼此十分陌生。又如，在观赏戏剧演出的一群人，虽然彼此感到对方的存在，却没有行为的交互作用，更没有身处团体的感受。一个群体之所以能持续存在，必须有种种活动、相互作用及情感。因为活动要靠人们一起来完成，在相互作用中才会产生感情。

群体分为不同的种类，他们有正式群体与非正式群体、成员群体与参照群体、松散群体和集体等。

1. 正式群体与非正式群体

正式群体是指被人们规定好的，成员的地位和角色、权利和义务都很明确，并有固定编制的群体。如学校的班级、教研室等。非正式群体是指没有正式规定的、自发产生的、成员的地位与角色、权利和义务都不明确、也无固定编制的群体。非正式群体之所以出现，在于它能满足人们的某些需要。如人们参加文娱的需要、结交朋友的需要等。

2. 成员群体与参照群体

在群体影响中，根据成员的所属，可以分为成员群体与参照群体。成员群体是指个体为其正式成员的群体。如个体所在的学校班级、时装模特公司等。参照群体是指个体自觉接受其规范准则并以此来指导自己行为的群体。应指出，个体所参加的群体不一定是个人心目中的参照群体。生活中常有这样的事情，一个人参加了某个群体，却把另一个群体作为自己的参照群体。比如一些青少年，虽然身处学校班级这一群体中，但其服饰打扮却明显地参照娱乐界的一些群体成员的着装方式；又如在社会上，常有些青少年表现出越轨行为，原因乃是他们把犯罪团伙当作自己的参照群体，将其规范和准则当作自己的行为标准。

3. 松散群体和集体

根据群体发展的水平和群体成员之间关系密切的程度来进行群体的分类。

松散群体是指人们仅在空间与时间上结成的群体。其成员之间并没有共同活动的内容、目的和意义，群体规模大，群体成员之间的关系不密切。如住同一车厢的乘客、观看电影的观众等都可看作是松散群体。

集体是群体发展的高级阶段，群体成员结合在一起的共同活动，人数较少、成员之间的关系紧密。

二、群体对个体的影响

由于生活在群体里，我们每个人的思想、行为，如穿什么衣服，留什么发型等,都会受到所属群体的影响。群体影响个体的方式有从众、暗示和模仿三种主要形式。

1. 从众

(1) 群体压力

生活在一定群体中的人们,当个体的思想、观点、行动偏离或违背了群体的规范或与群体中大多数人的思想、观点或行为不一致时,便会受到指责、批评或孤立,从而使个体感到精神上和心理上的压力。这就是所谓群体压力,这种压力是在与多数群体成员有不同意见时,个人所感受到的一种心理压力。它不具有被强制执行的性质,但有时却比法律、命令还有力量,使个体在心理上很难违抗。

(2) 从众的概念

从众指在群体压力下,个人在心理、行为等方面表现出符合大众认可的标准的表现。由此可见,标准是代表大众的客观行为准则,从众则代表个人的心理倾向。团体成员的从众行为,对团体性活动是有利的。有很多传统的习俗和流行的风尚,都是靠社会从众心理维持和推动的。然而,如社会规范丑化使团体成员由从众变为盲从,则对团体与个人均有不良影响。

美国心理学家阿希(S. Asch)做过一项有名的从众心理实验。如图7-2所示,A与B为两张卡片,卡片A上画一条直线,卡片B上画三条直线,其中一条与卡片A上的线条的长短相等。参加实验者有七人,其中只有一人为真正受试者,其余六人全为事先安排好的助手。实验进行时,由实验者出示两张卡片,要参与者依次选答卡片B上哪条直线的长度与卡片A上的相等。顺序是先由助手回答,最后才由真正的被测试者回答。实验中,假如第一位助手故意选卡片上的3号线条来回答,受试者在表情上会显得惊奇,如果接下去数人均故意选3回答,受试者的惊奇的程度就随之减低。等轮到被试者自己回答时,他迟疑一下,居然也跟着别人选择不正确的答案。研究者采用不同组别,不同人数,重复多次实验,结果发现:①当受试者只有一人(没有助手)时,都不会选择错误答案。②当受试者在众人都选择错误答案时,平均有37%的受试者也会跟着作出错误的决定。③事后问被试者为何选错答案的原因时,都回

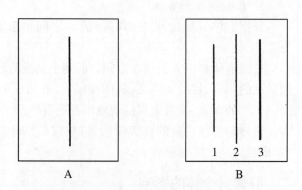

图7-2　从众心理实验实验用卡片

答由于受群体压力的影响,不得不跟别人一致。

上述实验表明,在进行认知判断时,个人的选择将受群体的影响,是非对错如此明显的情况(图中的线条长短),都容易从众,在别的情况之下,可能更无法避免盲从和附和。

（3）从众的原因

① 缺乏信息

他人是信息的重要来源之一,当你进入一个陌生的情境,不知道如何行动时,自然就会从其他人身上寻找可以参考的信息,认为他们也许会知道一些我们所不了解的信息。例如,我们常常不太清楚什么样式、什么颜色的衣服适合自己,就需要和周围的伙伴商量,听听他们的意见。我们也经常从别人那里获得有关服装流行的信息,以使自己的衣着能适应潮流。又如,当你不知道买哪种面料做衣服穿上才舒服时,正好看到商店里的许多人在购买某种布料,你可能不假思索地也买那种布料。

② 害怕偏离

从众行为是由于周围环境及舆论给个人施加的影响,使他们改变以往的态度,产生符合社会和群体要求的行动。也就是说,从众是指在他人或群体现实存在或想象存在的影响下,个人改变自己的态度和行为,从而采取与大多数人一致的行为。人们从众,是为了要得到群体的赞同,逃避群体的责难。我们不会穿着睡衣睡裤上大街,男人也不会无缘无故穿裙子,都是因为我们害怕人们投以怪异的眼光。我们希望与大多数人相同,不愿与众不同而被人们视为偏离者。我们希望群体喜欢我们、接受我们,我们害怕自己的言行不同于群体,群体将不喜欢我们、排斥我们。有研究显示,当一个人持有与群体不同的意见时,他感受到极大的压力,如果他改变立场,立即会被群体接纳并视为同伴。如果他坚持己见,则会被视为偏离者,而遭受歧视。

（4）影响从众的因素

① 首先是群体的条件与特点

群体的规模越大,产生的从众行为的可能也就越大。当你的身边有一个人说今年将流行某种服装时,你可能不会相信他的话,但当身边有十个人都说今年要流行这种服装时,你还能不信?

群体的特点,如群体的吸引力、个人对群体的依恋、群体的内部成员的特长、群体的凝聚力都能影响从众行为的发生。一个群体如果能满足个体的需要和愿望,就对个人有极大的吸引力,因而其成员较易产生从众行为。个体对群体有依恋之情,他就易于出现从众行为。如果群体内部团结融洽,则个体也易于发生从众行为。

② 个人的心理特征

若一个人非常重视他人及社会对自己的评价,则较易发生从众行为;反之,则不易发生从众行为。个人的自信心也与从众行为有关。自信心弱的人总认为别人比自己强,常因受不了社会压力而产生从众行为。

此外,性别也会影响从众行为。从众行为在男女性别方面表现出差异,以前的研究曾发现女性从众行为高于男性,但如果影响从众行为的内容为女性所熟悉,女性的从众行为则低于男性。例如怎样抚育孩子、怎样做针线活、怎样选购女装方面,男性则更容易从众。

(5) 从众在服装上的表现

服装上的从众现象是比较普遍的。20 世纪 70 年代穿军装、剪短发成为大家追求的模式;后来人们又爱穿西服、套装,现在年轻人中讲究穿牛仔裤等。这种"随大流"的现象用心理学的术语讲就是从众。刚上大学的新生,其服饰在中学里可能是时髦的,但和大学生的服装风格相距甚远,于是他怕同学嘲笑、怕被看不起。因此,如果有条件的话,他很快就会与同学的打扮趋于一致,也是从众。

服装的流行之所以不会从人们的生活中消失,就是因为人们受到从众心理的影响,就是我们说的着装要随大流、跟随时代的步伐。人们都可能这样认为,如果自己的服饰不过时,那么就要紧跟流行的趋势,如果群体中大部分人已经随着潮流走了,那么后面的人也不能不跟着走。对流行敏感的人,内心比较脆弱的人,怕被时代、被生活所抛弃的人,只有时时跟着潮流走,才能保证自己的感觉永远是常新的。

服装的从众心理,反映出个人行为受别人影响而使其独立性与自主性减低的现象。其实,这只是人性脆弱的一面。但另一方面,个性比较独立的人,未必会这样做。当个人遇到群体压力或别人影响而感觉到受到威胁时,在心理上会产生反感,继而在行为上表现出反从众的倾向。例如,你在商店里选购一件衣服时,衣服本身的质料款式都合你意,只因数位服务员的过分热情,使你产生反感,结果可能拒绝了这笔交易。

2. 暗示

(1) 暗示的概念

暗示是人以含蓄、间接的方式发出某种信息,来对人的心理与行为产生影响。暗示是人际影响的主要形式之一,在社会生活之中,人们的许多行动实际上都是无意识地对来自环境的各种暗示作出反应。在个人与他人和群体交往中,如果能够给个人创设一定的暗示环境,就能在一定程度上控制个人的行为和活动。

(2) 影响暗示的因素

① 暗示者的特性

暗示是由于人们对暗示者怀有一种信服的态度而产生的,而这种态度的产生主要取决于暗示者本身的特征,如暗示者的信心、性别、年龄、知识、权力、地位以及威望等。例如,我们请一位服装领域里的专家来给我们做一场关于服装知识的讲座,我们可能听得津津有味,不时地点头加以赞同。但同样的讲座内容,如果请一位很普通或其他领域的人士给我们讲解时,效果就可能会被打折扣。

② 被暗示者的特征

被暗示者的人格特征和暗示的效果有关。那些缺乏主见、随波逐流的人

容易接受暗示者的影响,儿童、少年与成年相比也易受暗示,女性比男性易受暗示

③ 暗示在服装上的表现

服装上的暗示现象主要表现在服装可以隐含着装者的某些现状和情感。例如人们将戒指戴在不同的手指上,代表着不同的含义。当穿上漂亮的服装时,暗示了他们当时的愉快心情。

在商业上,我们也常常看到暗示的一些情况。有些商店出售服装时,标以"出口转内销",暗示它质量好价又便宜,因为一般的情况下,出口商品的质量不能不好。转为内销按照国内的价格执行,所以尽管商家并没有直说商品怎么便宜、质量怎么好,但它起到的暗示作用,使人们相信真是值得购买这样的服装。又比如在许多服装店门前,经常出现"最后大甩买"的醒目广告,但稍加留意就会发现,几个月下来,还在"最后大甩买"。实际上也是商家对消费者的一种暗示,似乎表明,商家是迫不得已才出此下策,忍痛降价出售。

通过电视、报纸等媒体做服装广告时,往往要花高价请名人来做,也是出于暗示的目的,因为人们认为,名人都愿意穿这种服装,我们这些寻常百姓理所当然也能穿这种衣服,说不定穿上后,还有名人的风度呢。

3. 模仿

(1) 模仿的概念

模仿是指个人受非控制的社会刺激所引起的一种行为,这种行为以自觉或不自觉地模拟他人行为为其特征。通过模仿这样一种群众性影响手段,使某一群体的人们表现出相同的行为举止。模仿是人类的自然倾向,是人的本能之一,也是人类不断进步的一种手段。二千多年以前,古希腊哲学家亚里士多德就在《诗学》中写道:"首先,模仿是人的一种自然倾向,人之所以异于禽兽,就是因为善于模仿,他们最初的知识就是从模仿中得来的。每个人都天然地从模仿的东西中得到快慰……"

(2) 模仿在服装上的表现

模仿是服装流行和传承的主要影响方式。例如,在社交场合或在街上看到别人的衣着很漂亮,自己很喜欢,或看到别人的穿着方式特别有风度,便加以仔细观察并模仿吸收。在先前的社会里,下层阶级的人往往模仿上层人物的服饰打扮,如英国的戴安娜王妃的发型曾经成为许多女性模仿的对象,只要她变换一种新式样,马上就有许多女性跟着模仿。模仿行为的盛行,将会出现风行一时的社会时尚。在今天的社会里,模仿的面要广得多,凡是认为是自己喜欢的、新潮的服装或打扮方式,都可能成为模仿的对象。

模仿可以分为虔诚性模仿和竞争性模仿两种。虔诚性模仿是对榜样不假思索地简单复制,常常带有很大的盲目性,如戴安娜在怀孕时穿的孕妇装,一些少女尽管没有怀孕,也要加以模仿穿着。在着装中,有的人不考虑自身的实际情况,只要时髦,就迫不及待地采用,常常难以取得理想的效果。有人则不是盲目地赶时髦,而是根据个人的体型、年龄、肤色等特点,对流行服饰中的某些适合自己的东西加以巧妙地利用,以表现自己的个性。

竞争性模仿与此不同,它是抓住榜样的本质特征,象征性地表现榜样的行为。因此竞争性模仿贵在创新,通过模仿而使榜样原有的某些行为特征增加了新的意境。

4. 社会助长

社会助长是指个人对别人的意识,包括别人一起活动或在场旁观时所带来的行为效率提高的现象。社会助长是一种心理作用,对个人的工作表现而言,并不是个人的工作能力所致,而是因别人在场时增加了压力,由情绪而转为动机,因动机加强而格外努力,结果表现出效率的提高。在运动比赛时,最常见到社会助长现象,现场观众的喝采与啦啦队的声势,对提升运动员的成绩有很大的帮助。

在服装上,也有社会助长现象。例如一个城市的许多市民都喜爱穿衣打扮,融入这个城市的其他市民也会跟着讲究时髦。一些人在私下时和在大庭广众之下时着装行为是不一样的,一个人在家里可以穿得较为随意,但出门时就会打扮得明显的不同,因为有别人在观看。

5. 去个性化

有时候,人们会在群体中作出一些他们一个人时决不会做的行为来。由于某种原因,使个人的个性得到了隐匿和消失,行为发生了改变,这种心理现象称为去个性化。例如,在球场上发生骚动的群众,个体很难意识自己的价值、信念和行为,而是集中在群体和情境上面。这时,自我控制能力降低了,个体的责任感丧失了,群体中的每个人认为他的行为是群体行为中的一部分,自己不必负责,也没有考虑后果。例如,在参加化妆舞会时,人人都戴上面具,隐匿了相貌,达到了去个性化。这时的人们在某种程度会认为自己不再是自己,别人也无法认出他们和看到他们的表情,他们此时的行动由于更少受限制而变得更自由,敢表露其感情,敢做他们不戴面具时不敢做的事情。

制服是一些集团规定在执行任务时穿着的统一服装。其功能是明显的。一是它具有标识和保护功能,还能协调集团成员之间的关系,有利于树立集团良好的形象,也能节约职员花费在服装上的时间和金钱。但统一的服装可以使着装者的个性处于"匿名"状态,从而有可能削弱个体对自我行动的控制。在这种状态下,个体将丧失个性和社会责任,可能会做出一些通常情况下不会做的事情。津巴多(P. G. Zimbardo)的实验对去个体化作了生动的描绘:他以4名年轻女子为被试,让她们对无辜的女学生施以电击(声称目的是要看观察者对他人痛苦的行为反应)。一种情况是,4名女子胸前佩戴有可识别的姓名卡片,在可辨认的情况下进行实验,实验时用姓名称呼被试;另一种情况是,被试穿戴实验服和头套,只露眼鼻,实验时不用姓名而用编号称呼被试,实验在昏暗的房间里进行,极难识别,让其去个性化。结果发现,在后一种情况下,这些平日文静可爱的女学生此时都表现得很残忍,尽管她们自己目睹了受电击者的痛苦表现,仍然坚持施加电击,而且选用的电击伏数和持续时间比前一种实验情况下选用的伏数高或时间长。所以,统一的服装使个人淹没在群体之中,丧失了个性,这是制服的缺点所在。

第五节　社会角色与服装行为 ....

人不能离开社会独居,每个人在社会里都有一种身分,居于某一位置,分担一份任务,或扮演一份角色。为了使自己的行为与社会规范或所扮演的角色一致,我们的着装必须符合社会的认同。反过来,我们也会通过服装来表征我们所具有的社会地位和角色,以求获得社会的认可或接受。

一、社会角色的概念与特点

1. 社会角色的概念

角色是指社会对占有某一地位的人提出的行为准则和行为方式。它本是指在戏剧、电影中演戏的人,通过化妆打扮后所扮演的戏中人物。社会学科中借用这一概念,用来指个人在特定的社会和团体中所占有适当的位置,即某种社会地位和身份以及与此相一致的权利、义务的规范和行为模式。教师的角色就意味着在衣着、行为举止、言谈等方面要以身作则,为人师表,比如衣着要整洁得体、举止要和蔼可亲等,以符合人们对处于特定社会位置的教师行为的角色期待。人们在社会生活中扮演着多种角色,这些角色对人的服装行为都会产生很大影响。例如,男女的两性角色表现在发型、着装上有很大的不同,老年人和青年人的年龄差异也使其着装存在差别,这种不同或差异反映了社会对不同的角色行为的期待。另一方面,服装对社会角色也起着标识、确认、强化或隐蔽的作用,如军服可以强化士兵执行命令的信念,交通警察的制服表明其对违规者有处罚的权力等。

2. 社会角色的特点

（1）不同年龄阶段的角色

随着年龄的增长,个人分别要扮演着子女、父母、祖父母等年龄角色,不同年龄的个体也意味将被赋予不同的社会地位。不同年龄角色的个体着装规范是不同的,所以一定年龄阶段的人必须穿戴适合该年龄的服装,才有利于表现出与角色相符的行为,以减少错位现象。否则,年轻人穿得像老人,老人穿得像小孩,让人难以接受。

（2）多重角色

任何人都有两个以上的身份或地位,需要充当多个角色,例如一位女学生,在学校里是学生,还可能是班干部。在家里,对父母来说是女儿。若外出做家教,她就是教师等;日常生活中,该学生在商店里是顾客,在公共汽车上是乘客,在晚会上是宾客等。这些角色要扮演得顺利和到位,就要更换相应的着装方式。如果扮演教师的角色,但仍然穿着学生模样的服装,在学生面前就会缺乏威严性;在父母面前仍然穿工作中的职业装,就缺乏亲切感。所以,穿用与社会角色相符的着装,才易于建立更加融洽的社会关系。

（3）不同角色的参与程度不同

在具备多种角色的条件下,由于个人对每个角色的认识不同,态度不一样,从而参与社会角色的程度也不一样。对于自己认可和喜欢的角色,参与意识强烈,表现积极,而对于自己不喜欢的角色,态度消极,参与程度小。如对于列车员这个职业角色,有的人喜欢,不管其上下班,都穿上该工作用职业装;而有的人不愿意当列车员,只要一下班,就尽快换下职业服。

（4）角色也影响人的个性特征

一个人长期穿着适合自己角色的服装。久而久之.就会形成一种固定的服装行为习惯。参过军的人退伍或转业以后,其服装仍保留有保守、稳重、整洁、简单的风格特点,是与其在军队中长期扮演过军人的角色有关。

二、服装行为与角色扮演

服装可以对社会角色的扮演起到一定的作用。这与戏剧演员需要不同的服装一样,人生的社会角色也需要不同的服装,反过来,不同服装对角色扮演的效果会产生影响。

1. 年龄角色和服装行为

（1）青少年期服装行为

青少年是一个特殊的群体,他们的身体发育近乎成熟,但心理发育情况十分复杂,以至于产生了一种青少年独特的亚文化。在现代青少年心目中,肥胖已经变成一种耻辱,因此无论胖瘦的人,无不例外想让自己变得更瘦些,甚至采取极端的手法。这种心态的流行在很大程度上又影响了整个服装业。例如,近年来年轻女性的服装流行向着窄、短、小、透的方向发展。于是身穿露脐装、短裙,背着双肩背包作小女人状的情形随处可见。

现代青少年大都希望与众不同,他们求新、求变。由于青少年的追求新颖和独特,他们将去比较独特的专卖店以及各种特色店,才能购买到能展现他们风格的衣物。

流行对青少年的影响是存在的,青少年无法抵挡日新月异、推陈出新的新样式服装的诱惑。应该说他们对于时尚的追求既有情感的一面,又有理智的一面。从情感上说,他们最容易表达追求时尚的愿望,从理智上说,他们欣赏时尚的同时能够找出适合自己口味的服装。所以在他们追求时尚的同时能够抓住时代变化的命脉,装扮出富有"个性"的自我。

在一般的家庭特别是独生子女家庭里,运行的是"父母赚钱,孩子花钱"的家庭模式。由于青少年具有较高的地位,所以很多需要都能得到满足,在这样的成长环境中,青少年的服饰打扮有以下特征:

一是追求新颖时尚。青少年大多思想解放,富于幻想,容易接受新事物。他们喜欢追求"新、奇、美"的着装,往往成为流行服装的首批购买者和消费带头人。为了追求时尚,他们常常去模仿所崇拜的明星,他们之间也会相互观察、议论、模仿,使得自己能尽量赶在时尚潮流的前头。

二是追求个性化。青少年的自我意识强,有其自己的性格、志向和兴趣,他们在各类活动中都会有意无意地表现出特殊性。因此,青少年的服装不仅是追求新奇,而且更是追求与众不同。

三是冲动、易感情用事。青少年容易感情用事,他们特别看重服装的款式、颜色和商标,当直觉告诉他们什么服装是好的,他们就会产生积极的感情,从而迅速做出购买的决定,有着非买到不可的决心。至于服装的内在质量、价格、是否会很快过时等问题则较少考虑。

(2)老年期的服装行为

老年人具有稳重、保守、节俭的特点。所以在日常生活中只要你留心观察就不难发现,绝大多数老年人所穿的服装款式单调陈旧、色泽暗淡深沉、质地结实耐用。老年人容易怀旧,昔日的服装也舍不得放弃。一些老年人由于受旧观念、旧意识的影响,认为款式新颖、色彩鲜艳的服装只能由年轻人穿,自己穿了有失老年人的庄重沉稳,害怕遭到人的议论和嘲讽,因而即使购置新衣服,也仍保持一贯的老款式,缺少活力与创新。

受自我概念的影响,多数老年人希望用特定的服装来强化长者的风度,想通过服装来表达和蔼慈祥、宽厚待人、深思熟虑、端庄稳健等老年人形象。与这种心理定位相一致,老年人的服饰往往要求显示出端庄大方、谦逊含蓄、长者气质的风格,体现出一种稳重美。因此服装要宽松、合体;线形简练,不紧不松,上下左右比例对称,以直线结构为主,装饰物合理、质朴,以充分体现老人的庄重、稳健,给人随和亲切的印象。

老年人服饰的颜色往往偏深,主要以黑、灰单色调为主,偶尔老年人也会"花哨"一点,可无论怎样,比起色彩斑斓的青年服饰,老年服饰的颜色则"内敛""安静"得多。从中也反映出绝大多数老年人拒绝张扬、知足从容的心态。

老年人服饰的面料也反映了其心理的想法。他们认为健康往往比什么都重要,因而老年人的服装要求面料柔软,以棉布为主。因为棉布穿着柔软、舒适、透气性好,便于参加健身运动,行动也方便。

2. 性别角色与服装行为

性别角色是以人类性别差异为基础形成的社会角色,性别角色可能是社会角色中最重要的角色。无论是高度文明社会还是落后的原始社会,尽管社会意识形态有着巨大的差异,但是几乎都赋予了男性和女性不同的期望和义务。在着装规范上,世界上绝大多数社会都有男性和女性服装的区别。

从性别的社会差异来看,男女服饰的差异主要来源于社会角色的定位。就整个人类历史看,男子无疑更趋社会意识,容易受社会因素的影响。男子在政治、经济、社交活动中,有着比女子更大的兴趣。因此,男子在社会上扮演的角色和所处地位,要求他们的服饰应与社会的期待相一致,以利于发挥其社会的功能。与此相反,女性的生活意识较男性强,同时,女性比男性更具有自恋、表现欲的心理倾向,这种社会角色无疑促使女性服饰多样化以及竞相斗艳的发展趋势。

服饰的性别差异,首先表现在服饰观念方面的男女差异。最显著的表现是男女性别对服饰的价值观不一样。对大多数男性来说,服饰并不是体现自身价值的唯一方式,社会地位的追求、事业成就感的获得,比任何精美的服饰更具有诱惑力,也更容易得到社会的承认和尊重,从而获得更高的社会价值。

而对于大多数女性来说,社会地位及事业的成就感不如男性那样具有诱惑力。受这样的观念支配,在穿着打扮上,男、女势必存在着差异。一般来说,男性在服饰方面较为随意,给予的关注少,投入的时间不多;女性则相反,花费的时间、给予的关注、投入的精力都相对的多些。具体来说,服饰的男女性别差异表现在以下几个方面。

① 男女服饰的风格不同。由于长期以来形成的审美心理和审美定势,男性美与女性美的标准基本上是有差别的。男性服饰追求稳重、庄严和阳刚的风格,女性服饰则以活泼、温婉、秀美的风格作为追求的标准。

② 从服饰的形态来看,性别差异的特征主要体现于两性之间形态和裸露程度的相异。就服装的发展历史来看,两性的服饰形态始终保持着差异,如在西方文艺复兴时期,男性服装出现了重上轻下、女性服装重下轻上的形态差异。从各个历史时期的总体上看,和男性服装相比,女性服装的长度、紧身度、体型显露度和裸露度都要大。

③ 从服饰款式的流行或变化周期来看,男女服饰也有较为显著的差异。男装的变化周期较长,款式较为单调和稳定。长期以来,男装基本上遵循着上衣下裤的基本款式。而女装相对来说变化却十分迅速,周期也越来越短,服装的种类和款式丰富。

④ 从装饰方面看,男女服饰的性别差异也较为显著。一般来说,男装的装饰较为简单,甚至没有装饰,极少有单纯追求装饰效果的部件的出现,多讲究实用性,色彩上也较为单调,多以单色为主。而女性的服饰,不仅色彩品类繁多,且较为鲜艳亮丽,各种色彩的组合也较为复杂。同时,讲究服装的装饰。

⑤ 就服饰的习惯而言,男女之间的差异也是比较显著的。例如,男性在更换服饰的频率和周期方面较缓较长,相对稳定一些,往往一套服饰使用的时间长,也较少关注所谓的流行周期和时尚;而女性更换服饰的时间较短,频率较高,也比较注意流行时尚,更注意人们对个人服饰与打扮的看法与评价。

总之,男女由于历史、传统、心理及社会因素的影响,在服饰方面存在的差异是比较明显的,也将是长期存在的。可以说,男女服饰这两大类别存在着人类服饰发展的基本差异,任何类型的服饰,不论其具备何种特殊的社会意义,归根到底会因男女性别不同而存在差异,这是人类男女性别角色的社会定位所决定的。

思 考 题

➤ 服装在印象形成中有什么作用?
➤ 什么是人际吸引,服装在人际吸引中有什么作用?

➢ 请对你周围的人利用服装进行人际交往的表现进行描述。

➢ 什么是印象整饰，人们进行印象整饰的倾向是什么？

➢ 举例说明服装的暗示现象。

➢ 群体对个体的着装有什么影响？

➢ 什么是社会角色？举例说明社会角色与服装的关系。

➢ 试述不同年龄阶段的着装心理。

第八章 服装的流行心理

• •

  流行化是一种观念的形成,这种观念在很大程度上左右着不同历史时期的人们,它是一种整体社会概念,是新的意识观念的反映,是人们对某些事物的崇尚、模仿而发展起来的。流行的起因很多,憧憬优越的身份和地位;对美的、新奇的东西的追求;对便于生活的经济实用的东西的寻觅,都是产生流行的原因。从某种意义上说,流行现象是区别于自然环境现象的特定形式,是人为的环境现象,这种人为的环境现象也突出地反映在服装的流行过程中,它是人类社会所特有的现象,它的产生离不开人的心理活动变化和社会科技发展水平,因此,服装的流行是服装心理学研究的重要领域之一。

第一节 流行的发生与表现 ....

一、流行产生

1. 流行的含义

  流行又称时尚,广泛涉及人们生活的各个领域,因此,其定义是极其广泛的。心理学家定义其是对社会规范的同调性;经济学家定义其是对稀奇、珍贵物的追求;美学家定义其是对日常美的追求;而历史学家则定义其是形态变化的进化等等(代表性学科对流行的定义见表8-1)。

  服装是应用科学的综合学科,是人的社会的、心理的、情感的、美的需要的反映,涉及多层领域,因此,在服装领域中,流行可注释为:在一定时间、一定空间范围内,某种服式在一个群体中所形成的主导穿着倾向,是人类社会所特有的现象,反映了人的心理活动和社会科技发展水平。由于服装流行是在不同时代、不同环境条件下对某一服装式样特征的充分反映,因此,某一新创作的式样,能不能进入另一地的流行圈,很大程度上取决于穿着者的审美情

表 8-1
服装所涉及主要
学科对流行的
定义

定　　义	年　度	学　者	学　科
特定时期中被很多人接受的主导性款式	1928	Nystrom	经济学
目前最适用的	1951	Daniels	经营学
为了新潮所追求的新的东西	1958	Robinson	经济学
发起新款式的集体行动,由大众判断其强制力	1961	Lang Lang	社会学
要生产新产品,由设计者向社会介绍后,直到消费者接受为止的社会性传播过程	1964	King	经营学
社会上很多人一时性接受的服装款式,由潜在性的时髦人员创出,很多人接受,一直到过时为止	1979	Sproles	经营学/服装学
集体行动,在特定时期内被广泛接受的主导性款式	1981	Hom	服装学

趣、风俗习惯、文化素质等方面。此外服饰文化作为人类社会文化的一个重要组成部分具有表征性特色,所以,服饰文化的流行在诸多流行现象中表现的尤为突出。表 8-2 所示的是日本学者对不同时期流行内容的调查结果。它不仅是一种物质生活的流动、变迁和发展,而且反映着人们的世界观、价值观的转变。

表 8-2
日本学者对不同
时期流行内容
的调查结果

流 行 内 容	1956 年(%)	流 行 内 容	1978 年(%)
服　饰	29.7	服　装	28.4
发　型	17.4	体育运动、旅行、娱乐	20.5
流行歌	15.7	服饰品、鞋	18.4
赌　博	11.0	流行歌	7.6
音　乐	8.7	音　乐	7.0
语　言	7.0	语言、俗语	7.0
体育运动	3.6	发　型	5.1
机械、器具	3.5	人生观、思想	3.8
人生观	2.0	书(含漫画)	1.6
其　他	1.9	机械、器具	—
		其　他	0.5

2. 流行的发生

人类学家康德作过这样的论述:"在自己的举止行为中,同比自己重要的人进行比较(儿童同大人比较,身份低的人同身份高的人比较),这种模仿的方法是人类的天性,仅仅是为了不被别人轻视,而没有利益上的考虑,这种模仿的规律叫流行。"人类的模仿本能是服装流行现象的主要媒介手段。人们为了在心理上取得与他人同化的效果,协调人与人之间的关系,重复着某些人的行为、意识和观念,满足人们精神上的欲求,这是人类社会能够成立的基本条件之一。因此,从这个意义上讲,流行现象是与人类的历史一样久远的。

在不同的时代背景中,大众的模仿具有各种不同性质(即动机),有的出于对美对新奇的追求,有的受到时代变迁的不得已;有的受到统治者的压力,也有的出于愚昧无知,不管出于什么动机,在历史上构成的流行模式中,无非是"倡导⇌模仿"结构。大多数情况下是追求"时尚",追求"新奇"以显示自我为基本心态。

服装流行的表现往往是先被少数人接受,后被多数人理解、适应、参与、采纳,从而形成流行。服装的流行,首先是基于人的生理的、心理方面的因素,一方面,人们长期看到同样的款式造型、同样的色彩组合,会产生视觉的疲劳及心理的厌倦,此时会要求新的形色的视觉刺激,要求新鲜的心理感受。人的这种求新心理可以说是一种本能的反映。当人们对原有的服装感到厌倦时,合适的新式服装的出现自然会受到人们的欢迎。另一方面,人的模仿天性也对服装的流行起到推动作用。在服装流行形成的过程中,对新服饰先"着"为快的少数人总是那些怀有标新立异动机的革新者。他们通过新潮的着装来表现个性、突出自我、寻求赞美。他们的着装会引起多数抱有趋同动机的人的模仿,这些人通过接纳新服饰来消除自卑感,寻求群体和时代的归属感,成为流行的追随者。普遍的模仿,使之成为多数人的着装,人们着装行为的相互影响导致服装流行达到高潮,造就了流行的普及。之后,这些"革新者"发现自己的着装与大众雷同时,出于求新求异的心理,革新者又会去寻求新的服饰,设计师适时推出的新款会成为他们的新选择,追随者又争相加盟,于是又形成了新的服装流行,这就形成了流行的演变。然而,他们的新形象又很快受到大众的再度模仿,引发了新的流行周期,于是服装的流行就在这种模仿与被模仿的往复循环中发生着。图8-1为服装流行图示。

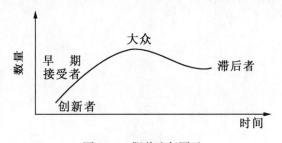

图8-1 服装流行图示

事实上,当某种服装进入上升期后,上层人士已进入到新款式的新的流行周期,而模仿者也会根据自身条件按一定规律逐步加入新潮流。这样服装的流行表现为一种波浪式的前进。

服装的流行周期在服装市场上也表现得很突出。一般而言,某种新款服装或新产品进入市场后,最初只被少数创新者和早期接受者所采用,然后被大众消费者购买,最后,当大多数消费者转向其他新款服装后,只剩下少数滞后者保留着,直至此款服装从市场上消失。但是,由于服装的流行期可长可短,社会采纳者人数不等,特定产品的流行也并不完全相同,如经典服装的长久性流行,特定的服装款式经久不衰,无明显的衰退期。而迅速发展也迅速消逝的快潮式流行,从引入期到成熟期的曲线较陡,流行范围一般不大。因此,对于服装经营者,寻找合适的服装款式,以合理的供货量于恰当的销售时间介入,可减少投资和库存风险。图 8－2 为一般服装流行周期。

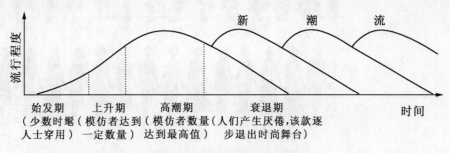

图 8－2　一般服装流行周期

二、流行周期

古人云:"盛极必衰,否极泰来。"服装流行也不例外,像海潮一样,有涨有落,由涨潮到落潮构成一个周期。流行周期性涨落有种种表现。有的流行浪潮表现为陡涨陡落。如海湾危机时期兴起的沙漠流行服、军事玩具热和萨达姆传记热,流行浪潮由 1990 年 10 月陡然涨起,于 1991 年 2 月陡然落下。前后不过三四个月便烟消云散。

有的流行浪潮表现为缓涨缓落。如港台流行歌曲,20 世纪 70 年代末期邓丽君悄悄从东南沿海登陆,接着陈美玲、侯德建、张明敏等人鱼贯而入,再后来是齐秦、王杰、谭咏麟、刘文正、张清芳、苏芮等,一拥而上,蔚为壮观;直到 20 世纪 90 年代,浪潮才渐趋平缓。

还有的流行现象表现为缓起陡落。如 1990 年北京亚运会期间带有亚运标志运动衫的流行,自 1989 年底便在小范围传播,进入亚运会年后,流行浪潮渐渐高涨,至 9 月份亚运会开幕式达到最高潮;然而就在亚运会幕落时,流行浪潮陡然落下;涨潮期延续一年,而落潮期却只在一瞬间。

也有的流行现象表现为陡起缓落。如牛仔服在中国大陆的流行,20 世纪 80 年代中期牛仔服热在大陆陡然兴起,一时间从烈日炎炎的南方到冰雪覆野的北方,从碧波万顷的东部到群山绵延的西部,男男女女,老老少少,很多人穿牛仔裤。但是,这股牛仔服热并未如汹涌而来那样呼啸而去,而是绵延 10 来年,至今各色牛仔裤仍是时装店里的热门货。

从流行的时间纬度上看,服装流行具有生命周期的特征(见图 8－3)。虽然一个生命周期结束后,在特定时段、特定条件下还会出现,即服装流行的循环特性,但这种流行的回归不会完全照搬以前的服装,细节上必然会有新变化。所谓经典服装也需不断加入新鲜因素,在不同时代表现不同的细节特征。根据服装款式流行周期的长度及典型特征可以将其划分出以下两大类。

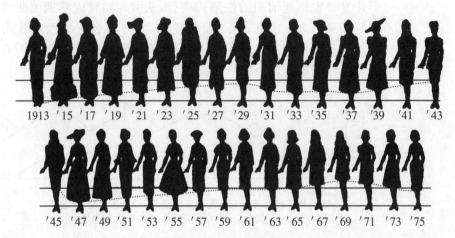

图8-3　裙长流行周期

1. 经典服装

有些经典的服装款式永不会被彻底摒弃，而是在很长一段时间里被人们接受。经典服装的流行通常是以简洁的设计为特征，因此，从它被推出后就一直保持下来。典型的一个例子就是夏奈尔套装，它于20世纪50年代晚期达到鼎盛时期，在70年代晚期和80年代后期又被广大的消费者所欣赏和接受。

2. 流行快潮

昙花一现的流行或者称之为流行快潮，是指流行的款式只在一个季节里出现之后便消失。他们缺乏能长时期存在的个性，流行快潮的流行通常只能影响极小部分的人群，相对来讲制作比较简单，复制方便，因此能很快在一些群体中流行，但也会很容易被人厌倦而摒弃它。

流行的周期涨落的种种表现，使得有些时装只能在一个流行季节里流行，而另外一些却可能持续几个季节甚至更长；某些风格会迅速消亡，而另一些则经久不衰。因此，尽管每一种流行都遵循同样的流行模式，但是没有一种尺度可以测量出流行周期时间的长度。但是其变化和发展过程却十分明显。图8-4以金字塔的模式展示了服装变化和发展过程，它将整个流行过程共划分成四个阶段。

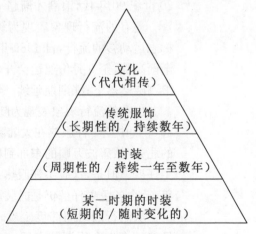

图8-4　服装变化和发展模式

三、服装的流行特征

1. 新奇性

流行的服式是指能够反映和表现时代特点的新奇的、与流行同期中传统已有的服式不同的样式。具有能够满足人们求新、求变心理的一些元素。流行的新奇性既有时间的内涵，也有空间的内涵，从时间的角度说，流行的新奇性表示和以往不同，和传统习俗不同。服装流行的新奇性往往表现在色彩、花纹、材料、样式等设计的变化方面。

2. 短暂性

流行的短暂特征是由流行的新奇性所决定的。一种新的样式或行为方式若经久不衰，就不具备流行的新奇性，而是一种日常习惯或风俗，大多数流行现象可以说是"稍纵即逝""风行一时"。这些在服装上体现的尤为突出，不同的时代有不同的流行服装，这些形形色色的服装标志了各个时代的社会面貌，反映了当时的审美趣味。如战国时期，女子以苗条修长为美，服装风行窄袖衫细腰裙。隋唐时代，女子以富态丰腴为美，服装讲究华丽，流行宽袖拖裙，领型大胆开放。

3. 普及性

普及性是流行的外部特征之一，是从众心理的反映，表现为在特定的环境条件下，某一社会阶层或群体的人在行为上顺从于服从群体多数与周围环境的心理反映。没有多数人比较一致的稳定倾向，便不会形成一定时期某种服式的流行。

4. 周期性

从流行的过程来看，一种服装的流行从推出开始，经过普及达到流行高潮，最后退出流行，要经过产生阶段、发展阶段、盛行阶段和衰退阶段，具有比较明显的周期规律，这是流行的一般规律。如裙子的长短、领带的宽窄、裤脚的肥瘦等的交替变化。大裤脚口流行过了，取而代之的便是小裤脚口；裹臀裤流行过了，接着便是宽裆裤；紧身健美裤流行过了，便兴起宽松裙裤；超短裙流行过了，便是长裙；袒胸服流行过了，便是露肩服；裸露发展到了极端，接下来便是深藏不露；繁复发展到了顶峰，接下来便是简单淳朴……服饰流行风格样式往往便是在这种多向度的两极之间频繁摆动，此起彼伏。

5. 民族性

世代相传的民族传统和习俗不易改变，这就使不同民族的流行服装在款式、色彩、纹样等方面有所差异。比如某种和服款式在日本可能流行，在中国就不会流行。西欧流行女装的露胸形制、印度女装的露腹形制也不会在中国流行。同样各个民族在色彩上也会有某种偏爱或禁忌。

6. 地域性

服装的流行与地理位置和自然环境有关。北欧因气候寒冷，人们偏爱造型严谨、色彩深重的服式，而非洲人因气候炎热，喜欢造型开放、色彩鲜明的服式。城市的嘈杂喧闹，人们易采用淡雅柔和的自然色调，农村广阔而单调，人们则接受强烈浓重的人工色彩。

总之，新奇性是流行的本质特征，是人们求新、求变心理的直接反映。短暂性和周期性反映了流行的时间特征，是人们求新、求变心理的必然结果。普及性、民族性和地域性反映了流行的空间特征，是人们趋同和从众心理的外在表现。

四、服装流行的类型

形成服装流行的因素是复杂的，在各种不同社会环境的影响下，都能产生不同规模的流行。对服装流行类型可以将其归纳为按流行的形成途径划分和按流行的周期与演变结果划分两大类。

1. 按流行的形成途径划分

按流行的形成途径划分可以将其划分为下面五类，这五类流行常常相互联系，交错显现反映着流行的多样性、丰富性。

（1）以骤止而告终的偶发性流行

通常是出于政治、经济、文化的需要，并受习俗、人物、事件的影响，以此为导火线所产生的流行模式，往往难于预测。如：我国建国后出现的几次大的服装样式的变革。建国初期，为了表现劳动人民独立自主的主人翁的意识，大多数人脱下了西装和旗袍，穿上了灰布人民装。此外"列宁装""幸子衫""光夫衫"等服装式样也曾在我国一度流行。

（2）表现人们信念、愿望的象征型流行

通常是指人们借助流行以物化的形式表现出来的某种信念、愿望而产生的流行趋势。如反映人们健康生活愿望的运动装，最初在青年群体中流行而后逐步扩展到各个年龄段，也反映了这种意识、愿望的扩散程度。还有反映现代人消费观念的品牌意识。

（3）为达到某种目的的引导型流行

通常是指为了吸引人们购买，采用某种营销的手段而形成的流行趋势。是由于推销宣传活动的影响，通过大规模的消费行动而产生的流行模式。例如近几年宽松衫等的流行和广为传播，都与有关服装厂商大力宣传积极引导分不开。在大规模的消费流行活动中尤以时装表演的形式、以形象代言人作为宣传媒介为最佳。

（4）某种穿着与日俱增走向极端而过渡到消亡的流行

例如，西欧的紧身衣式服装，从中世纪开始出现，直至19世纪末的S型、T型服装，妇女的腰身收得越紧越细，严重影响了女性身体健康和活动。这种紧身衣走向极端化，以后流行就终止了。再如20世纪70年代后期出现的喇叭裤，裤脚越放越大，最大做到裤脚宽度达60 cm，不久便告消亡。

（5）与新发生的事物和现象而突然产生的流行

例如，1979年我国湖南长沙马王堆挖掘出了西汉一号墓，于是汉墓出土的图案纹样、色彩搭配等就被广泛应用于服装衣料和生活用品中，汉墓出土的锦缎衣料纹样在当时成为最流行的纹样。再如,国际间广泛流行的"太空衫""宇宙服""南极服"等,也和人类进入太空、南极探险考察等事件有着密切的关系。

2. 按流行的周期与演变结果划分

按流行的周期与演变结果划分可以将流行类型划分成三大类。

(1) 经典流行

指在很长一段时间里被人们接受、继承、流传的服装。是作为传统或生活习惯而流传下来的流行现象。如旗袍、西装等。

(2) 短期流行

指只在一个季节里出现之后迅速消失的流行现象。这种流行大多是由于社会上的偶发事件所引发的,而流行过后几乎不残留流行的痕迹。如 1990 年夏北京亚运会期间出现的文化衫;海湾危机时期兴起的沙漠服等从兴起到衰退都是不过几个月的时间。

(3) 重复流行

指在流行过后又重复出现或交替出现的流行现象。这种流行具有较明显的周期性,并且在服装流行上的表现最明显。但必须是基于社会环境和生活意识需要而产生的,一般流行的间隔需要一定的时间。如有人对女装的流行循环周期进行了研究,发现 20 年为一个周期。女装的流行循环周期如图 8 - 5 所示。

第二节　服装流行的传播过程

可以这样肯定,自从有了文化,有了地区和民族之间的相互交往、相互接触,就出现了文化传播。从某种意义上讲,文化的传播和文化的创造同等重要。传播学派的理论先驱莱奥·弗罗贝纽斯(1873—1928 年)曾提出过一个著名的命题:文化没有脚。即认为文化是靠人们的传播而对人类产生影响的。人类在发展过程中的多种需要,如衣、食、住、行、社会交往、友谊、艺术享受等各种文化现象,让更多的人接受的唯一的途径便是文化传播。并且,随着社会的发展进步,传播内容也扩展到了无所不包的地步,政治、经济、科技、文化,方方面面,应有尽有,人类天天就是处于传播媒介的包围之中,由此也带来了一系列的社会心理问题。所以,研究传播的社会心理效应以及影响传播的社会心理因素,也成为服装社会心理学的一项重要内容。服装流行的传播是服装流行中的一个重要环节,没有传播,就没有流行。服装的流行主要是通过大众传播媒介、时装表演、服装展示,以及人们的相互影响来进行传播的。

法国社会学家塔尔德认为:"模仿产生流行,流行从一个时代移向另一个时代的纵向相适成为习惯。将新的东西作为优势,在横向空间通过模仿扩展便成为流行。"简单地说就是在横向的空间性扩展叫流行传播,在纵向

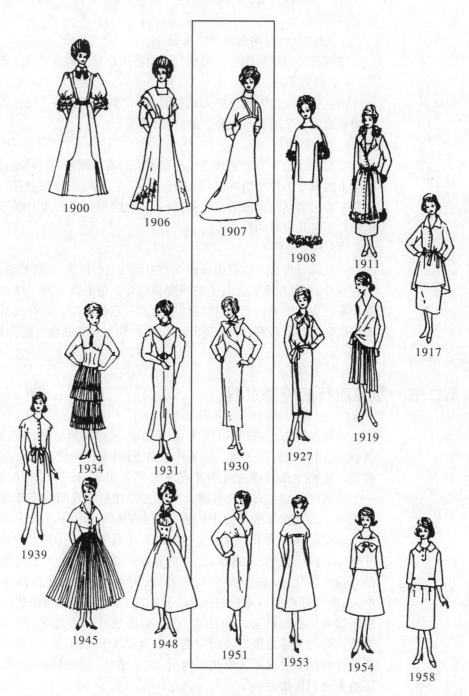

图 8-5　女装流行循环周期

的时间性连续叫做习惯的继承。服装传播与扩散,是以模仿为契机而产生的服装位置的变化。在这种区位变化中,最突出的是空间性位置变化的传播和扩散。服装的这种空间变化,是地域性的横方向扩展,具各种形式,且变化快慢和传播面积主要受模仿者和被模仿者之间接触面积的大小、距离远近、两者所处自然环境、文化背景差异以及媒介的种类和作用等因素的影响。

一、流行的规律

习惯可以来自流行,流行又会冲击习惯。流行的发展与社会物质生产和文明程度成正比。流行以最快的速度反映社会的现实状况,是新的社会行为规范和社会风俗形成的先驱。服装流行的变化是复杂的,在不同的自然环境、社会环境的影响下,能产生不同规模的流行。有地方性的局部流行,有区域性的全局流行,有全球性的全面流行,流行经过一段时间后,有的销声匿迹了,有的演变成为社会固定化的习惯,形成定型款式,如西装、旗袍、衬衫、茄克衫等。虽然服装流行的变化非常复杂,但是其流行规律一般都非常清楚。

1. 循环规律

在服装流行史中,虽然流行服装式样数不胜数,但其中却常留有以往的印象。流行始终存在,一种旧的流行服式消失,一种新的流行服式接踵而至。而且,某种流行服式在消失几年、几十年后还会"死灰复燃",形成一种循环。如当今流行的双排扣西服、细长包身套装、宽松裤等就是旧款回潮。一位英国学者经过多年的研究以后认为,服装的式样兴衰有一定的循环规律。一个人穿上离时兴还有很长时间的时装,就会被人认为是怪物;在前三年穿戴被认为是招摇过市;提前穿一年,则会被认为是大胆的行动;正时兴的当年,穿这种衣服的人就会被认为非常得体;一年后再穿就显得过时;五年后再穿,就成了老古董;十年后再穿只能招来耻笑;可过了三十年后再穿,人们又会认为很稀奇,具有独创精神了。因此,服装的流行并非总在创新,很多情况下仅是过去服式的再现,这说明服装的流行兴衰有一定的循环规律。此规律的形成有赖于人的视觉生理、心理变化。人们对于长期始终如一的服装在视觉生理上会产生疲惫感觉,在心理上也会有厌倦情绪,为恢复和达到视觉的生理、心理平衡,就自觉需求不断变换服装款式,追求新异服式,这种需求致使服装经常变化、反复循环。但这种服装的循环绝不是简单的以往岁月的再现,而是经过去粗取精、推陈出新的改革优选过程。那些若干年前曾被人淡忘的过时服式经重新包装后富有了现代风味和情感,又隆重登场,令人耳目一新。这种新奇感恰能顺应视觉常需新旧变化更替的趋势,满足了视觉平衡的需求,无疑重新成为时尚而再次称雄于新时期。

2. 周期规律(图8-6)

任何一种服式的诞生、发展到衰落,和一般生物的生长盛衰过程一样,具有一定的周期规律。服装的流行周期在产销上表现为从服装设计、生产、投放

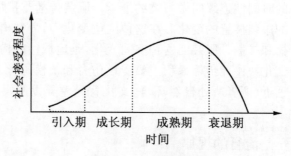

图8-6 流行周期

市场开始到失去魅力、淘汰停产、退出市场为止的整个运行过程。它一般要经过发生、成长、饱和、衰落四个阶段。各阶段产销的一般特点为：

（1）引入阶段

被称为"高层次流行"，是服装流行的初始阶段，常常被那些首先想要采纳新款式，力求不同于他人装束的人群所接受。这个阶段表现的是流行的最新动向。通常这个时期的服装需要较高的代价，接受人群很少，因此，它的应用范围也很有限。在服装市场上的表现为流行服装数量有限，仅被社会上极少数标新立异的先行者采纳。

（2）成长阶段

这是服装流行的发展阶段，表现了流行的急速扩散性。设计师们将时装发布会上的演示性、艺术性时装进行成衣化，结合市场流行状况，使之成为社会上最时髦的新潮式样。在服装市场上表现为流行服装产销渐旺，社会上一些思想较革新的早期消费者开始积极参与。

（3）成熟阶段

这是服装流行的盛行阶段，表现了流行的普及相对稳定性。这个阶段的时装为社会上的多数人所接受，并进行了大量的生产，形成了新的穿着潮流，流行也因此达到高潮。在服装市场上表现为流行服装产销均达到顶峰，社会上顺应潮流的大众消费者追随加入。

（4）衰退阶段

这是服装流行的淘汰阶段，表现了流行的陈旧过时性。当流行达到顶端后，曾经风靡一时的样式已经司空见惯，失去了新鲜感和时髦感，逐渐显得陈旧落伍，虽然一些消费者仍穿用它们，但人们已经不愿支付原有的价钱去购买这些"失宠"的流行物。此时流行服装产销大大减少，只在社会上少数留守者中存留。与此同时，那些流行的"领潮人"又重新回到第一阶段。服装流行中表现的这种周期规律决定了某种服式只能盛行一时，当时过境迁之后，另一种新的流行必然会取而代之。

3．从众规律

流行是人们从众心理的反映。通过服装流行的历史，我们可以看到古今中外任何服式的流行都要经历一个先由少数人带头，接着一些人紧随模仿，直至更多的人加入，达到高潮的发展过程，即为从众规律。这是因为一种新的服装样式出现后,周围的人开始追随这种新的样式,便会产生暗示性。如果不接受这种新样式,便会被讥笑为"土气""保守"。由此对一些人便形成一种无形压力,造成心理上的不安,并且,随着接受新样式人数的增加,这种压力感也在逐步增加。为消除这种不安感,为不被人视自己为落伍、怪诞,他们开始产生追随心理,放弃旧的款式,加入流行的行列,通过采纳适合自身形象和社会标准的流行服式来增强个体满足感和安定感,最终形成新的服装流行潮流。"城中好高髻,四方高一尺;城中好广袖,四方一匹帛;城中好广眉,四方遮半额"的现象,就是由群体的从众心理所致,这是人类合群的本能。从众的出现,使服装流行很快达到顶峰。

4. 多样规律

服式上的模仿习性,从表面上看与表现意识是两种相反的态势;前者要追随他人,后者要突出自己。其实,两种心态同出一个目的,或者说,处于同样的需求。在斑斓多姿的诸多举止行为中做出自我选择,展示出自身的主导倾向,是流行中又一方面的价值心理取向,生活方式的开放和自我意识的增强也使得现代人的择装聚焦于个性化。服装的个性化倾向必然又会导致服装流行的多样化规律,穿红着绿,各有所爱,以其所爱表明其倾心、爱慕,亦表明其希望吸引人的愿望。这些都表明了服装的流行不会是单一性的,而是具有交叉综合性、多层次性和多样性的,主要体现为服装在配件、装饰、着装组合等方面的形式和功能多样化。

二、流行的传播过程

流行的差异性界限极不确定,具有迁移性。由于流行文化的感染力极强,往往能超越国家、社区、阶层界限而广泛蔓延,在世界、全国、各地区进行传播。流行的传播是智能信息流及其物化过程的扩散,是信息的积累过程。在流行文化的传播过程中,不论哪种传播类型,流行文化极核中心的空间带动和激励效应,都是重要的传播动力之一,文化极核中心是地球上某种文化特征最典型、最集中的地域,拥有较高的区位势能,在空间梯度驱动下,一些流动性的文化信息要素便会从极核区迁移向外围区、另一个极核区。流行的迁移性的特征是十分明显的,具体来讲表现在两个方面。第一,从时间上看,流行文化的形式和发展过程,某种文化在一定区域内的普及和持续的过程,其本身都是一个时间的流程,都是以时间的流动为保障的。如果时间凝固不动,流行本身就无法得以实现;第二,从空间上讲,流行总是从一个地域向另一个地域迁移的,总是从一个阶层向另一个阶层迁移的,也总是由一种文化的流行转为另种文化的流行的。如果流行不具备迁移性的特点,传播是不可能产生的。

流行的传播过程可以将其概括为宏观与微观两个过程。微观过程是指从流行的个体到群体的过程。宏观过程是指流行的社会过程。因此,流行的传播过程可以从个人、群体、社会三个不同层次进行分析。

1. 流行的个人采用过程

流行的个人采用过程是指通过个人的社会心理活动使个人与他人区别开

来或与群体保持一致的个人采用过程。流行传播的基本过程是：注意—兴趣—评价—试验—采用。

注意是个人流行信息采用的基础。从发生学的角度看，有关服装消费信息获取来源是导致服装行为的基础。流行信息的获得主要有人际来源（周围的群体）、商业来源（广告、展销会、商场等）、公众来源（杂志、发布会等）三种途径。当个体获得信息后，就会对流行式样注意。但个体的需要不同常常会决定其关注内容的不同，如商场里新颖的裙子会引起年轻姑娘的注意，漂亮的童装会引起母亲们的注意，人们争相购买的情境，也会引起需要这些服装的人的注意。

兴趣是人的认识需要的情绪表现，是个人的活动动机的重要方面。是推动人们认识活动的内部机制，是表明一个人对某个对象可能的行为倾向。例如一个人对某种服饰样式或颜色感兴趣，则在需要的时候，便可能会采取积极的行动。通常兴趣的这种认识需要愈能被满足，则其兴趣愈能被丰富与深化，但自信心强的人，认知过程中不易受到他人影响。

评价是个体与周围环境持续作用的结果。个体通过对流行服饰各种属性的评价，来判断是否与"自我概念"等相吻合，并预计采用流行后可能带来的各种效果。不同的个体自我概念也各不相同，反映在每个人对服饰审美有着不同程度的要求。评价的参数主要有"他人的反映"、"社会比较"和"认知的协调"。

实验与采用是流行态度与行为确定的过程。实验是个体对流行式样的再评价过程，个体将根据预想效果和实际效果是否相一致而产生满足或不满足感，并预想采用流行后他人的反映、社会的承认以及自我显示欲的满足以确定是否采用。当所有参数均满足后，则会立即采用。

2. 流行的群体传播过程

流行的群体传播过程是指通过大众传播媒介将个人联系起来的一种无组织的群体行为过程，是在特定的社会环境下流行样式从一些人向另一些人的传播扩散过程。这种传播过程大体可以划分出三种基本模型。

（1）下行式传播

下行式传播模式也称上传下模式，即自上而下的顺流倡导传播。是指新的服装式样首先由社会上层政治领袖、经济界头面人物、社会名流使用，引起中层社会的模仿、攀比行为，然后传播扩散，在社会各阶层中形成流行。下行式传播模式主要是上层社会群体向中层社会群体再向下层社会群体流动；高收入层向中收入层再向低收入层流动；高文化层向中文化层再向低文化层流动。

"上行下效"，自古就很盛行，并且在封建社会和近代资本主义社会中是主要的传播方式。美国社会学者韦伯伦认为，时尚是社会上层阶级提倡，而社会下层随从的社会现象。是社会上层阶级显示自己的地位、富有和势力以及对消费和闲暇的卖弄。下行式传播模式，一方面反映了社会上层群体为了显示自己优越的地位，而在衣着服饰上花样的不断翻新，另一方面反映了社会下层群体追求上层群体生活方式,期望优越于同一阶层群体的心理。具有传播广,速度快,来势凶猛等特点。它不仅影响某个企业或行业的生产经营,甚至影响整个社会风气。如20世纪60年代以前服装的潮流是以社会阶层为基准,也就是说是由上而下的传播机制,是高级时装店一统天下的时期。到了20世纪60年代由于"年轻风暴"的影响,服装业才发生了巨大的变化。再如我国改革开放以来,我国领导人带头穿西服,打领带,一时间,全国城乡掀起一股"西装热",男女老少皆以穿西服为美,由此引起我国服装行业的改革,并带来一系列连锁反应。

（2）横行式传播

横行式传播模式也称水平传播模式,是指社会阶层、社会群体间的横向流行倡导传播。随着人们生活水平的提高、等级观念的淡化,人们不再单纯地模仿某一社会阶层的衣着服式,而是选择适合自身特点的服装,因而横行式传播成为现代社会流行传播的重要方式。服装流行虽然不像水浇田一样受到人的严格控制,但是在流行过程中,必须经过一个个社会阶层、社会群体。由于同阶层、同群体的人们在着装心理、生活水平、生活习惯等方面大致相同,所以,一种新的款式出现后会很快在同阶层、同群体中迅速传播。由于这种流行是在同阶层、同群体中传播的,与"上行"或"下行"的传播模式形成一个近乎垂直的关系,所以称之为"横行式"传播。横行式传播是一种多向、交叉的传播过程,具有传播速度快、影响大等特点。比如当前的休闲正装在男性白领阶层中的流行,家用电脑在较高文化层家庭中的流行,公文包在干部阶层中的流行等等,都属于横向式传播。

（3）上行式传播

上行式传播模式也称下传上模式,即自下而上的逆流倡导传播。与"下行式"正好相反,它是指某种新的流行款式首先起源于社会中较低的社会层次和经济收入群体,次而向上传播至较高层社会和经济收入较高的群体的逆流传播形成流行的。例如,茄克衫在我国的流行,最初是由生产一线职工的茄克式工作服变化而来,逐步扩散普及,被中层、上层各界人士所接受。从而形成全国性的时尚。再如,长期以来被社会不同阶层、不同年龄群所青睐的牛仔裤,是由美国西部矿工穿着的工装裤所演变而流行的。还有其他的如旅游鞋、T恤衫、猎装、黑色皮茄克衫、套头衫等都兴起于社会中那些并不富有的年轻人,以后才慢慢地扩散到上层群体,甚至成为总统贵族的穿着。这种流行形式由于最初传播者的知名度较低,影响面较窄,所以流行的速度较慢,但持续时间较长。

（4）流行的社会辐射过程

流行的社会辐射过程是指流行现象从源地（中心）向其他地域的辐射、扩散过程。流行的社会辐射过程一般是由人口集中的文化、政治、经济发达国家、地区向落后国家、地区蔓延,形成世界性、全国性或地区性的蔓延,由城市向农村,由上层向下层蔓延。有时也存在着逆向的传播。如世界的时装中心主要是巴黎、米兰、纽约、东京等大城市,从这些时装中心发布的流行信息通过各种传播媒介辐射到世界各地,掀起了一次又一次的流行浪潮。服装流行的社会辐射并不是简单的蔓延,在传播过程中会衍变出许多带有民族、地方、阶层特色的具体样式,使同一流行现象又呈现出多姿多彩的画面。

流行的社会辐射过程,一般来讲,总是先从经济发达地区开始,进而辐射到一些富裕地区和发展中地区,而且这种传播过程具有时间差并呈现出波浪式运动规律。首先当某种新的样式或穿着方式在经济发达地区处于流行的第一阶段时,其他地区尚未接受到传播。当经济发达国家、地区进入流行的第二阶段时,富裕国家、地区接受到传播的流行信息,开始进入流行的第一阶段。当经济发达国家、地区处于流行的第三阶段时,富裕国家、地区开始进入流行的第二阶段,而其他广大发展中国家、地区才刚刚开始接受到流行信息,进入流行的第一阶段。这一切充分表明了社会辐射过程具有时间滞后性及波浪式运动规律,使得服饰流行在各个地区出现的时间有早有晚,流行的速度有快有慢,持续的时间有长有短。而持续的时间、普及速度等时间上的差异,则主要来自流行地区的不同的经济发展水平、消费习惯等。其次,外来的新的流行要受到本地区文化惯性的作用,原有的模式惯性表现为不愿轻易接受外来的新事物,需要对外来的新式样经过选择和改造,以适应本地区的基本特点。一般而言,经济发展水平越低时,传统文化势力越大、越是居于主导地位,这种惯性越大;经济发展水平越高,传统文化势力越小、越是屈从次要地位,这种惯性反而越小。

综上所述,流行的传播过程可以分为宏观过程和微观过程。这种文化传播对于各国各地区文化交流与融合,对人们心理的沟通有着积极作用,而且,由于服饰流行一般由经济文化较发达较先进地区向落后地区扩散,对落后地区来说无疑是一种文化提升。但负面影响也很明显,它使一些人盲目模仿,好坏不辨,至于那些消极、颓废的文化因素趁机涌入,其危害性更大,甚至会成为文化演变的重要途径。因此,要对流行的宏观过程通过社会的调节机制来完成,从传播者和传播对象两个方面的努力来控制。首先,流行的形成与扩散同传播媒体的舆论宣传直接相关。传播者作为信息的掌握者和发送者,应该将社会的利益放在首位,要有正确的舆论导向,引导流行健康、合理的发展,充分发挥时尚流行的积极作用,扼制其消极影响的释放。同时,由于公共媒体的信息量大,覆盖面广,形式多样,在公众中具有权威地位,往往能在很大程度上左右流行,因此,可以通过社会的组织体系引导人们摈弃不健康的流行现象,宣传社会提倡的穿着方式。其次,要健全政策法规,引导企业生产健康、审美的时尚产品和有益的服务来满足社会需求,并通过价格体系调节需求,杜绝有害的、消极的产品流向社会。再次,要努力提高人们的道德素质、审美能力、文化修养,做到不盲目追随消费流行,不参与无益的消费流行,自觉抵制有害的消费流行,使人们的消费生活更健康、更合理。

第三节　影响服装流行的因素 ······································

　　一个人的个性特点与他对服装选择的决策过程有密切关系,但更多的影响是来自社会环境因素。个人的一切行为都不可避免地受到社会环境的影响,服装选择同样会受到社会环境的制约与影响。服装流行是一种复杂的社会现象,影响服装流行的因素是多方面的,社会经济、文化、政治、科学技术水平、当代艺术思潮以及人们的生活方式等都会在不同程度上对服装流行的形成、规模和时间长短产生影响。而个人的需要、兴趣、价值观、年龄、社会地位等会影响个人对流行的采用。因此,服装与社会环境的关系是十分密切的,社会环境的构成包括了自然环境、政治和法律环境、经济环境、人口环境、社会和文化环境、民俗和习惯等的各个方面,人们的服装选择过程受到以上诸多因素的综合影响,成为一个非常复杂的决策过程。

一、社会因素

1. 自然环境因素

　　我们生活的这个地球是如此之大,不同的地区、气候和环境等自然条件差异很大。生活在寒冷地区的人们需要厚厚的动物毛皮服装来御寒,生活在热带沙漠的地区的人则为了免受强烈阳光和风沙的侵害,需要头巾和长袍。

　　随着现代社会工业化的发展,环保意识的呼吁日胜一日,而这种环保活动也影响了人们日常的服装选择。由环境保护活动,导致人们呼吁热爱大自然,保护大自然,继而又出现了各种各样的环保色,而人们对服装款式的追求也趋于简单,对服装面料的选择也是追求天然纤维,以显自然本色,于是大街上到处都是身着环保色彩休闲服装的男男女女。

2. 政治和法律环境因素

　　通常人们认为服装选择是个人的自主行为,但实际上生活在法制社会里,人们的言行都必须符合法律的规范,服装选择也不例外。古今中外,人们在进行服装选择时,虽然也都带有自己的偏好,但都必须以政治环境和法律允许为前提。

　　(1) 政治因素

　　政治因素是造成服装流行的外部因素,它直接影响到人的思想观念和行为方式。在过去的几千年封建统治中,中国人的服装一直带有深深的政治印记,服装象征着严格的等级,并受到法律的保护。如我国的各代皇帝以九龙十二章为袍服,帝王官员的服色规定为红、皂、白、黄、青正色,百姓则被限制用杂色或间色服装,就连纹样、附件也都有繁文缛节的规定。清朝所有的中国男人都必须按照满人的样式梳理头发,剃去前额和两边的头发,将顶部头发编织成一条长辫,拖至后背。传统的服装完全是中国特有的,庆典服装和日常穿着都有既定的样式,而所有的女子也都被要求按照满族人传统样式穿着,甚至还违背人体生长发育的天性，强迫女子裹足，即所谓"三寸金莲"。服装的等级差异如此之明显，以致仅凭服装就可明确知道一个人的身份、地位。

不仅在中国，在西欧，这种限定也以法律的形式存在着。在 14 世纪的英国爱德华三世执政时，法律就明文规定贵族、手艺匠、自由民的穿着打扮，骑士、商人、牧师的服装装饰和布料必须与身份相符。查理六世统治时期的法国，也有类似的现象，当时规定只有上等阶层的贵妇人允许穿着丝绸衣服，携带毛皮手筒。裙子衬架的宽度以及使用多少装饰都须根据穿着者的地位而定。这些法律规定都是为了维护封建社会的等级制度和统治者的政治利益。直到封建等级制度消亡和民主政治制度兴起后才被废止。

（2）道德、禁忌

道德和禁忌对服装流行的约束更强。是几乎所有社会都存在的社会规范，比起风俗习惯来，它们具有明显的价值判断和公众性质，服装对人体的掩饰本身就反映了一定社会的道德标准。身体的裸露或掩饰程度或对身体特定部位的强调，则反映了道德规范的宽容度。

从服装发展的历史中不难看出，在不同的历史时期，几乎身体的所有部位都曾被作过禁止裸露的对象。一旦露出，便被认为是不体面和不道德的。甚至与性毫无关系的一些部位（胳膊、耳朵、脚、脖颈等）的裸露也被认为是不道德的。例如，中世纪的欧洲在教会的统治下，几乎看不到领口开得很低的女装，但到 16 世纪末，女装的领口变低，并裁剪成了四方形。女性将胸的上部露出被认为是处女的美德。不过同时，女性露出胳膊和脚，却被看作是不体面的。胳膊从肩膀到手腕都包裹着，且轮廓不清，袖子像裙子一样宽松。

裸露或掩饰的道德规范和禁忌，随时代变化而变化。特别是本世纪以来，妇女社会地位的提高，社会道德观念的急剧变化，对女性着装自由的限制越来越弱。特别是比基尼泳装和超短裙的出现，是对女性传统着装规范的比较大的变革。

（3）法律

法律是明文规定的，具有强制执行的性质，是影响服装流行的外部因素。历史上许多国家和地区都曾制定过一些有关服饰的法律、禁令或条例。在西方一些国家，随着社会的发展，身体裸露的法律趋于缓和，但在一些非洲国家，仍有法律禁止女性在公开场合穿着超短裙、短裤、前面 V 型开衩的长裙等。雅典曾经通过法律，规定裙子离地面不准超过 35 cm，美国弗吉尼亚州也通过了一条法律，禁止穿高于膝盖 10 cm 的裙子。随着现代社会人们对健康生活的强烈要求，许多国家以立法的形式规定服装纺织品必须使用生态纺织品标签，用以维护消费者的利益。

3. 社会和文化环境因素

"服装"可以说凝聚了一个地区物质与精神两个层面的实质与内涵，故服饰被喻为最能同时兼具"物质文化"与"精神文化"的代表。人们在一个社会中生活久了，必然会逐渐形成特定的文化。文化越是发达，这种变化发生的周期越短。流行会随着文化背景的不同而发生变化，即使是在同一种文化背景中也会随着时代的变化而变化。服装的穿着既是一种个体行为,也是一种社会的行为。因此,人们的服饰行为除了受气候环境、经济发展水平的影响外,在很大程度上还会受其所处的社会文化(即各种社会文化规范)的影响与制约(如风俗习惯、道德准则、禁忌、时尚、法律等),在社会的影响下,人们会形成暗示、模仿、时尚和流行等群众性的心理现象。如在原始社会,人类需要经血腥搏斗来获得自己生存的可能。因此,勇敢和残忍就成为当时的一种社会风尚,成为一种美德,在服饰的表现上,以佩戴兽骨、肉体上穿孔刺花作为勇敢和残忍的标志。18世纪时代文化艺术被称为罗可可艺术,这个时期正值资产阶级革命启蒙时期,封建社会贵族骄奢淫靡达到顶峰,成为当时社会的一种风尚。这个时期的服饰多采用花边、刺绣、皱领,女装是蓬松的拖地裙,男装也效法女装,化妆品、做发、假发、首饰、卷发器都成了男性时髦的装饰,直到18世纪法国大革命时期才改变。现在,我国人民随着艺术和日常生活的更新变化,我国的服饰文化也发生了巨大的变化,服装的流行也走向世界,与世界接轨,服装的变化之快、变化之多,充分体现了我们这个时代的自由、竞争、信息快、自然美、文化艺术审美格调高的世界性风尚。

其次,每个人对服装的兴趣也将受亚文化群即所属民族、宗教、种族和地理等背景的影响。北方和南方的民众对服装色彩的偏好不同就是一个很好的例子。北方由于久居寒冷干燥的地域,环境生活中缺乏鲜艳的色彩,因而人们在进行服装色彩选择时就认为大红大绿等鲜艳的色彩是最美丽的;而南方服装则相比较偏爱素淡的色彩,这是南北环境地理区域不同,导致亚文化差异,继而导致对服装色彩偏好产生差异。

4. 生活方式

生活方式反映了人们对所处社会的态度。

第一,人们的生活方式可以是创新型的、保守型的,也可以是变革型的、追求型和逃避型的。不同生活方式的人对服装的选择也是不同的,创造者是卓有成就的人,集中了各种成功的标志,因而喜欢讲究的服装;而变革者的生活却简朴得多,穿的是朴素的衣服;逃避者有一种躲避的倾向,因而在生活上放荡不羁,喜欢冲浪,跳迪斯科,骑摩托车,穿着潇洒。

第二,随着人类社会的不断发展,生活水平的不断提高,人们的闲暇时间也逐渐增加,充裕的闲暇时间一方面扩大了人们的活动范围,另一方面使人们有较多的时间来装扮自己,对服装的需求也呈现出多样化。出现了运动服、休闲服、牛仔服、海滨服、旅游鞋等的流行。

第三,生活方式的变化影响着人们生活观念的变化。生活方式是人们的价值、道德、审美趋向在生活中的体现。例如:我国当今的老年人由于经历了生产力和消费水平十分低下、消费品的短缺迫使人们节衣缩食的时期,使得他们形成了勤俭节约,攒钱防急,甘于奉献的习惯。虽然近些年来,城镇居民的消费结构发生了很大变化。但大多数老年人的消费却没有实质性的变化。节俭的生活观念是他们生活状况改善不多的重要原因。但现代的生活方式也在刺激着他们的观念,我国目前出现的中、老年时装热就明显地反映了这一点。

此外,休闲服的流行除了人们注重体育运动之外,还因为人们的价值观念、生活态度在转变,现代人生活节奏太快,人们在高度紧张的工作学习之余,希望能暂时摆脱快节奏生活的压力,回复到轻松、悠闲的自然环境中,而休闲服恰恰能满足这样一种心态。

流行对于落后的旧风俗、旧传统习惯的冲击是一种积极的社会力量,它能迅速地造成一种社会声势,使陈规陋习被抛弃,移风易俗,新的生活方式就会被众多人接受。

5. 社会阶层

人类社会存在着社会阶层,每一阶层的成员具有相似的价值观、兴趣爱好和行为方式。在服装选择方面,各社会阶层显示出不同的产品偏好和品牌偏好。

由于人总是希望得到群体的赞同和认可,希望找到自己的人格归属,因而一个人的行为总是受到许多群体的强烈影响。这些参考群体中既包括属员群体,也包括崇拜群体和隔离性群体。属员群体如学生受成员群体的影响最大,他们公开承认愿意穿和同伴一样或是被同伴认可的服装,许多人在作服饰选择时总是将家庭的其他成员或是朋友作为参谋,希望自己的服装能够得到他们的认同。崇拜性群体的影响力相对来说对青年人比较大,青年人一般都有自己希望去从属的群体。如崇拜着运动健将的男孩子喜欢穿芝加哥公牛队的运动 T 恤。也并非只有青年人有崇拜性群体,即便是中老年人也具有此种倾向。在人们的观念中,服装是体现一个人群体认同的最佳途径。

6. 经济因素对服装流行的影响

"经济因素"对流行的影响可以说是相当显著而直接的。

首先,随着人类社会的进步和发展,社会文明程度的提高,服装的装饰性已远远超过实用性。人们不仅仅为遮盖、保暖等目的穿衣,更多的是为了美化自己、美化生活、美化整个社会而穿衣。而这种服装装饰功能飞跃发展的前提,是建立在人类日益发达的经济基础和高水平的生活上。由此,人们对于作为物质生活资料之一的服装需求也越来越旺盛,导致了流行的频率也越来越快。并且,服装的生产、流通、消费也是一个国家经济发展的主要因素和动力,近代的产业革命就是从纤维产业的振兴开始的。因此,服装的流行代表着人类社会发展不同时期中的社会文明、物质文明和精神文明;标志着一个国家和地区的消费结构以及科学技术发展的水平。

其次,服装流行趋势所包含的因素主要为服装材料、色彩图案、面料结构、款式造型、服用性能和加工手段等诸多方面。因此,服装的用料与制作手段,可以直接的反映出穿着者本人及其所生活的社会的生产发展程度,制约着流行的发展速度与规模。早期的原始人类,在自然界中使用比较易于获得的诸如树叶、草或动物的毛皮等直接或经过简单的编织披裹在身上,发明了骨针之后,开始缝制衣服,但其造型、结构形式比较简单。之后,人类发明了纺纱织布技术,利用棉、毛、丝、麻等天然纤维织制材料,并用其裁制衣服,但裁制技术简单,只是在布料上挖几个洞,能够穿入即可。随着社会的不断进步,服装越来越精细,服装的裁剪、缝制工艺技术也提高了。但是尽管如此,人类在很长的历史时期,纺纱织布和衣服的裁制都是靠手工完成的。随着科学技术的发展,服装工业发生了巨大的变化。人类发明了化学纤维衣料,相继实现了纺织机械化、缝纫机械化,服装的加工技术与加工工作效率大大提高,同时,服装材料的染色、整理等加工技术也迅速、不断的发展,使服装材料无论是色泽、外观还是质感上发生了更大的变化。现在,各种现代科技使性能复杂的防雨、防弹、耐寒、抗热的服装材料的制作都成为可能。这些都体现出科学技术的进步和工业的发展,会从不同的角度上促进服装流行的发展。

例如在欧洲中世纪的几百年中,人们的服饰几无明显变化。这是由于一来物质财富贫乏,手工制衣耗时,服装价格高昂而难以频繁变化;二来贫富悬殊,华贵的上等材料使一般人望而却步,只有极少数达官贵人才能享用。故对后者而言,也毋须经常变换服饰来炫耀自己的富有和地位,唐代时兴的袒领高腰短襦和宽大曳地长裙,色彩鲜艳、富丽堂皇,还有精致的面饰、首饰、发饰,这些华丽的服饰充分反映了盛唐时期百姓富足的社会状况和生活景象。又例如,20世纪石油危机所带来的经济大萧条,也是最好的例子。当时无论在东方还是西方,在服饰上的发展都出现了强调"实用性、耐用性"为主的款式,带动起强调简约单纯服装美的发展。这些都是经济因素直接影响服装流行的事实。

7. 艺术思潮

不同的时代、不同的地区有着不同的艺术风格与艺术思潮,每一个时代、地区的艺术风格都会在一定程度上影响着不同时期、不同区域人们的服饰风格。如歌德艺术风格、罗可可艺术风格、拜占庭艺术风格、新古典主义风格、前拉斐尔派艺术风格、20世纪初期前苏联艺术风格、超现实主义艺术风格、波普艺术风格、欧普艺术风格、极限主义艺术风格等,都在不同程度上影响了同时期的服饰风格与服饰审美。因此,文化艺术对服装的影响是广泛深刻的,丰富的文化艺术风格和形式,拓展了服装的表达能力,使服装从文化艺术中吸收设计灵感、时代感、美感。现在,随着文化艺术交流的国际化,全球经济的一体化,也将会导致服装在物质生活中的审美需要也越来越趋向国际化,而表现出更强的时代的文化艺术特征(图8-7、图8-8)。

8. 社会重大事件

社会中的政治事件也能促使某种服式的一时流行。20世纪40年代,由于第二次世界大战时物资十分匮乏,一切都必须先满足军需,而纺织服装是重要的军需物资,于是各国都相继颁布了《节约法令》限制平民使用消费品,包括纺织品的消费。于是,就促使服装的风格趋于简洁,廓型趋于平直,这也就导致了西装套裙的流行(图8-9)。第二次世界大战结束后,由已故法国著名时装设计大师迪奥创造的新风貌女装,一改战争中宽肩严挺的男性化制服外形而恢复了丰胸宽臀、腰身细窄、优雅柔和的女性化形象,满足了那些经历了战争磨难,在精神上极度贫乏的人们求新求美的心理需求,反映了人们爱好和平、向往幸福的心声。因而大受女性欢迎并迅速传遍世界。再如18世纪末的

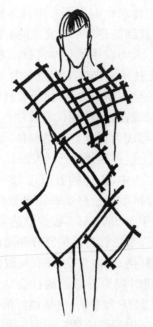

图8-7　体现艺术思潮服装(1)　　　图8-8　体现艺术思潮服装(2)

法国大革命,劳动阶层的短衫长裤取代了奢华繁琐的贵族服饰而成为当时的流行服饰。

　　周围环境和社会事件也会影响到人的着装心理,从而左右着服装的流行。如今面对紧张的生活节奏,激烈的社会竞争,人们普遍产生了怀旧的心理,格外向往过去宁静悠闲的生活和亲切朴实的人际关系。伴随这一心理的产生,简洁舒适、随意自然的休闲服又流行于世。再如,1979年我国湖南长沙马王堆挖掘出西汉一号墓,于是日本就出现了一股马王堆汉墓出土的图案纹样、色彩搭配等被广泛应用于服装衣料和生活用品中的热潮,汉墓出土的锦缎衣料纹样成为当时最流行的纹样。近几年国际间广泛流行的"太空衫""宇宙服""南极服"等,也因和人类进入太空、南极探险考察等事件有着密切的关系。

二、影响服装流行的个体因素

1. 需求

图8-9　体现政治事件的西装套裙

需求包括生理因素和心理因素。生理因素是人类为了躲避自然界恶劣的气候和生物对人体的侵害,而采用的一种屏障手段,是人类对服装物质属性的需求,强调的是服装对人体体表的物理防护作用,其目的是为了满足着装者的生理触觉快感要求,是人的先天生物本能决定的。

心理因素是生成服饰流行的内部因素,在服装流行中往往起决定作用。人们心理上存在着两种典型而又相反的倾向:一种是想与众不同,希望突出自己,不满足现状,喜新厌旧,不断追求新奇和变化的求变心理(或称求异心理);一种是不想出众,不大愿意随便改变自己,希望把自己埋没于大众之中,墨守成规才心安理得的从众心理(也叫惯性心理)。生理因素是内在和潜在性的,这种心理因素主要体现在:爱美求变、喜新厌旧、突出自我、趋同从众、模仿等方面。

当个体受到外界服饰潮流的刺激而产生某种需要时,心理上就会失去平衡,引起紧张状态,进而引发出动机,或是趋同,或是标异,从而导致个体采取接纳或排斥流行的服饰行为来满足需要目标,以获取新的心理平衡。不久因新服饰的刺激又有了新的需要,则又重复上述需要——动机——行为过程,这种过程的周而复始是服装流行产生的心理基础。这两种心理倾向以不同的比例混合共同存在于每个人的心理之中。拥有求异心理者是新流行的创造者、先觉者和先驱模仿者。

当流行范围扩大以后,那些一开始还接受不了新流行的人,这时也在从众心理的驱使下被动地参与流行,即惯性心理者。而流行也就在这后一种心理倾向较强的人的参与下被普及和一般化,从而失去了该流行的新鲜感和刺激性。与此同时,新的流行又在寻机萌发。

现代人非常注重自我价值的实现,渴望着自己在被群体赞同和认可的前提下又能使个性得以体现。服装便成为其最行之有效的手段之一。于是,人们发现在服装方面的标新立异越来越多,人们不再要求自己和别人穿得一模一样,而是力求使自己有别于他人,在符合流行的前提下,能穿出自己的个性和品味。

2. 态度

态度形成人们对事物是喜爱还是厌恶,是远离还是接近的心情。态度和服装行为之间存在着复杂而微妙的关系。一种新的服装流行样式出现,会引起人们的不同反映,有喜欢的,有漠不关心的,有批评反对的。因而在服装的选择和穿着上也表现出一定的差异。持积极乐观态度的人,注重自我形象和自己衣着服饰,在服装流行中是主动进取的;具有随波逐流态度的人,追随流行,以自我消遣为满足。

态度不是先天就有的,而是在后天的生活中形成的。态度受个人的需要或欲求、所属群体,以及经验影响。人们的态度一旦形成便具有了相对的稳定性,但并不意味着态度不会发生变化。新的经验或新的信息(宣传或广告,他人的说服)在某种程度上会对人们的态度改变产生作用。例如,男性穿着裙装的出现,由于受舆论和人们的否定,而形成了一种社会压力,这使得男性穿着裙装的现象很快便销声匿迹。然而超短裙、牛仔裤的流行,尽管最初也受到一些人的反对,但由于适合年轻人的特点和符合时代的潮流,成为一种流行,最终得到了大多数人的认可。也就是说,社会上大多数人对某种穿着方式的态度会对其能否形成流行时尚产生一定的影响。图8-10所示的态度和服装行为的分析模式说明了服装行为不仅受态度影响,而且与个人的身体特性、社会地位、经济收入、生活方式等个体因素以及环境、空间状况等因素有关。

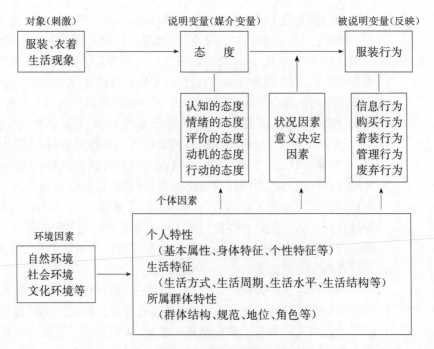

图 8-10 态度与服装行为模式

3. 年龄和性别

年龄与性别是影响服装流行的重要因素。不同年龄段的人对着装存在不同的观念。青年群体自我表现欲很强,有较强的反传统倾向和好奇心,通常是流行服装的早期采用者。中年群体是社会的中坚力量,在社会各阶层、职业中占的比重较大。他们阅历较深,一般对服装的选择比较慎重,通常选择与自己身份、地位和经济能力相适应的服装。老年人的消费观念相对于年轻人来说比较保守,属于传统的着装观念的范畴。据调查统计结果显示,老年人着装选择的趋同性较高,选择适合于大众场合、大方的造型、朴实的风格,穿着舒适的服装是老年着装的主旋律。选择的款式多为稳重,能烘托长者的持重和稳健。款式过于标新立异,色彩和图案过于渲染,大都不受老年人认可。但是,近年来,由于人们生活方式的变化,中老年群体的着装观念也发生了很大的变化,穿着各种流行色彩、流行款式服装的中老年人也逐渐多了起来。

由于社会对男女两性的角色期待不同,使得女性服装在流行中占有绝对优势。女装相对于男装在使用材料上、在款式变化上、在色彩使用上更随意,选择、变化的范围更宽广。而男装相比之下的变化显得较缓慢。

此外,服装设计师也是影响个体的另一个重要因素。自 19 世纪以来,服装设计师就以其敏锐的感觉和创造性的活动,推动着

图 8-11 流行服饰

时装的变化和发展,他们是服装审美最重要而关键的带动者,影响着人们的审美情趣和价值观。他们不断推出新的款式,不断改变着人们的穿着方式,形成了一个又一个流行的浪潮(图8-11)。

第四节 各年龄层的服装需求行为

不同年龄段的人对着装的观念存在很大的差异,这些差异会具体体现在服装消费行为方面。本节将按年龄层次分别对儿童、青少年、青年、中年和老年人的服装行为开展讨论,并通过研究案例,进行具体的说明和分析。

一、儿童服装需求行为

1. 儿童服装行为特征

随着生活质量的提高,人们对于童装的要求也越来越高。因此如今的童装更趋向于多元化、个性化发展。

市场上的童装根据儿童年龄可以细分为婴儿装、幼儿装、中童装和大童装。

婴儿装,指刚出生到三岁之间的婴儿所穿着的服装;幼儿装,指3～6岁已在幼儿园接受教育的儿童所穿着的服装;中童装,指适合6～12岁处于小学阶段的儿童穿着的服装;大童装,指适合12～16岁少年的服装。

由于儿童的生理和心理正处于成长期,而且不具备独立的经济能力,根据这一特点,童装消费市场和成人服装消费市场有很大区别。童装消费基本上可以分为两大类:一类是孩子年龄偏小,根本没有童装消费意识。因此,虽然儿童是童装的直接使用者,但其父母才是真正的购买者。一般处于婴幼儿期的儿童,其父母的喜好和经济能力决定了他们服装的特点和档次。另一类是对于中童和大童,他们会有自己的喜好,选择童装时通常会选择自己喜爱的卡通形象或玩具图案等。随着年龄的增长和消费地位的提升,在许多情况下,他们不仅参与购买决策,甚至可能是家庭购买的主要决策者。

由此可见,父母在童装消费过程中并不是绝对的决策者,童装企业不仅要关注童装的品质、性价比等,还要了解儿童的心理特征和消费行为,抓住儿童好奇、模仿等心理,设计出品质与新意兼有的童装才能在童装市场开拓一片天地。

2. 婴儿装的需求特点

(1)直接使用者并不是直接消费者

如上所述,婴儿装的直接使用者虽然是婴儿,但他们的父母才是购买者。尤其是处于0～3岁的婴儿,衣服都是由父母购买,孩子不会表达自身喜好,不能给父母提供任何购买意见。这个年龄段的父母心理较成熟,消费较理性。父母的个人喜好和经济能力就决定了婴儿装的消费特点,他们的审美观和对品牌的偏爱也将延伸到孩子的服装上。

(2)服装安全性和舒适性要求高

婴幼儿是不具备自我保护能力的特殊人群,因此对其产品的设计和生产的要求较高。比如有些幼儿喜欢把衣服放进嘴里嚼，服装面料与孩子的皮肤、眼睛以及口腔发生接触。因而对婴儿装所用的面料的安全性和环保性要求更高。服装上的帽绳、下摆绳、裙带、背带等都有长度限制，如果形成过长套索，容易引起儿童在活动过程中被周围物体钩住造成意外伤害，或误套颈项后窒息。这些都要求婴儿装产品在设计上特别注意。

（3）越来越多的父母觉得婴儿装难买

一方面由于国内知名婴童服装品牌少，消费者选择余地不大，市面上质量可靠的婴儿装产品品牌较少，没有牌子的婴儿装又不敢买，担心面料、印花的安全问题；另一方面，品质有保障、安全可靠的品牌服装价格都偏高，一套婴儿服装就要 200～300 元甚至更高，对于一般家庭比较难以承受。市场上品牌婴儿装价格层次断档严重，不能满足各个阶层消费者的需求。

3. 国内婴儿装市场需求调查实例

调查以江苏省的 0～3 岁婴儿装市场为例，调查内容包括消费行为和婴儿装品牌认知情况等。

（1）婴儿装消费市场需求大

如图 8-12 所示，被调查的人群大多数是企业或公司的一般职员（57.1%），家庭月收入在 3 000～6 000 元范围内（55.4%），但他们每月在孩子服装上的支出为 300～600 元，也就是说，普通家庭在孩子身上的服装支出约占整个家庭收入的 10%。这是一个较大的比例，父母对孩子穿着的重视程度可见一斑。

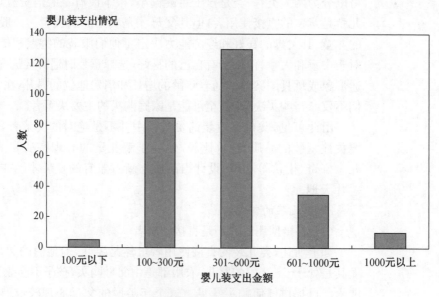

图 8-12　婴儿装支出

（2）消费者对婴儿装产品要求高

根据调查结果，消费者购买婴儿装的目的主要是给自己孩子穿（83.9%），用于送礼的只占一小部分（14.3%）。但根据不同购买目的，对婴儿装性能各方面的重视程度有一定的差别，如图 8-13 所示。

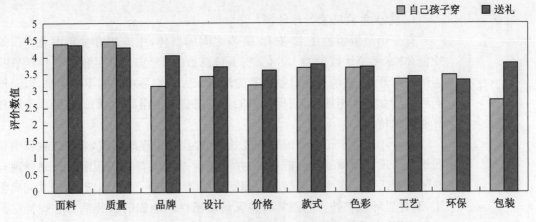

图 8-13　对不同用途婴儿装性能的需求

由图 8-13 可以看出父母对婴儿装的质量要求都比较重视。消费者除了对用于自己孩子穿的婴儿装的包装的重视程度在 3 分以下外，其他都在 3 分以上，即位于比较重视程度范围内。对于用于给自己孩子穿的婴儿装，消费者最重视婴儿装的面料、质量、款式和色彩；对于用于送礼的婴儿装，消费者对产品的面料、质量、品牌、设计、价格、款式、色彩和包装都比较重视，即作为礼品送人的婴儿装的品牌和各种性能重视程度更高。

对于面料的选择，几乎所有的消费者都选择了全棉面料，只有极少数选择了真丝和棉麻面料。棉的吸湿性能比较好，手感柔软舒适，一般不会刺激婴幼儿娇嫩的皮肤，且价格合适，所以棉质服装一直是父母的首选。

由于婴儿不能表达自身喜好，所购买的婴儿装的风格完全由父母的喜好决定。0～3 岁婴幼儿的父母大多为 20～30 岁，都是接受了新世纪新潮流的一代人。因此，他们更倾向于符合时尚潮流的婴儿装，同时运动休闲风格的婴儿装也很受欢迎，如图 8-14。

（3）消费者对品牌认知程度较低

调查结果显示，消费者对于婴儿装的品牌认知程度较低。从购买过品牌

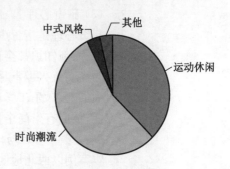

图 8-14　风格需求

婴儿装的消费者所购买的品牌情况调查结果看，购买率在 10% 以上的品牌有巴拉巴拉、史努比、小熊维尼、米奇和巴布豆。就这些购买率较高的品牌中史努比、小熊维尼和米奇都是国外品牌。这些品牌创建时间都较早，而且都有一个响当当的卡通形象进行品牌延伸与拓展，品牌文化底蕴深厚，深入人心。而国内品牌起步较晚，品牌文化发展不健全，推广程度不够深入，知名度不高，因此也影响了消费者的信任度和购买率。

二、青少年服装需求行为

1. 青少年的服装行为特征

青少年是指年龄在 12 岁和 19 岁之间的群体,中国的青少年占总人口的比例 2009 年统计数据为 1.8 亿(占人口总数的 13%)。并且他们是伴随着我国的改革开放,在消费品日益丰富的环境长大。生活水平的不断提高,以及他们独生子女的优越地位,使得他们的着装消费水平很高,他们的服装消费心理具有其独特性。

青少年正处于长身体的发育成长期,自我意识逐渐形成,希望以独特的自我形象出现在周围的社会群体中,并希望通过追求着装的新潮时尚来展现自身的青春活力。青少年典型的心理特点是思维敏捷、思想活跃,对未来充满希望,对外界环境和外在刺激具有特殊的敏感性。他们的服装消费心理特征是趋同、炫耀和猎奇。

(1) 趋同心理

青少年的消费心理表现出与其所处的环境相一致的特点,他们往往采取与大多数人相一致的消费行为。看到别人购买某种服装时,会表现出不管自己是否需要也要随大流购买的趋势。青少年在消费过程中表现出的从众性,反映了他们的趋同心理。

(2) 炫耀心理

炫耀心理实际上是一种超越自我客观价值的自我虚构,表现为部分青少年不顾自己的经济能力和实际需要进行非理性的过度消费。其消费的目的在于服装商品的象征性,追求的是心理满足感。具体表现为追求名牌服装,以拥有名牌服装作为炫耀的资本。

(3) 猎奇心理

猎奇心理是指青少年始终对现实世界中的新兴事物抱有极大的兴趣,任何新事物、新知识都会使他们感到新奇,乐于尝试并大胆追求新鲜事物,表现在对时尚潮流兴趣十足。在消费活动中表现为猎奇心理,在行为方面表现为对时尚的追求,乐于尝试奇特款式的服装。一方面他们关注时尚追求流行;另一方面,他们有崇尚个性化的独特风格,喜欢标新立异。

2. 青少年对运动休闲品牌认知调查

本案例以西北地区青少年为对象,对运动休闲品牌开展的认知调查。

(1) 购买因素的注重程度

调查结果表明,西北地区青少年在购买运动休闲装时最注重服装的款式和质量;其次是比较注重运动休闲装的颜色和面料;对服装价格、销售人员的服务、品牌信誉度也比较注重;对运动休闲装的知名度、售后服务、促销活动、广告宣传注重程度一般;对运动休闲装品牌的品牌代言人不大注重。

对青少年而言,时尚是生活的一个重要元素,因此对款式、颜色的要求比较高,体现出青少年在服装消费方面的趋同、炫耀和猎奇的心理特征。

（2）对品牌的忠诚度

品牌忠诚是指消费者对某一品牌具有特殊的嗜好，因而在不断购买此类产品时，仅仅是认品牌而放弃对其他品牌的尝试。西北地区青少年对运动休闲服的品牌忠诚度分析结果见图 8-15。

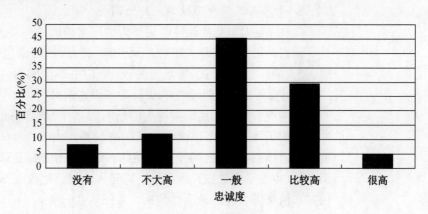

图 8-15 忠诚度

由图 8-15 可以看出，大部分青少年对服装品牌的忠诚度一般。在与被调查者的交谈访问中发现，对于大部分青少年而言，他们更注重服装的款式和颜色等很直观的因素，往往追求的是时尚和个性化，而不大会重点关注某个或某几个品牌，这会对品牌的忠诚度造成一定的影响。

三、青年服装需求行为

1. 青年人的服装行为特征

青年人通常是指年龄在 20～40 岁之间的群体。是精力最旺盛，对新事物接受最快，最时尚最敏感的群体，也是服装消费潜力最大的群体。

青年人的服装消费心理趋于成熟，除生理需求外，心理需求也逐渐向理智型过渡。他们的服装行为特征表现出既追求时尚与个性，同时也注重实用与舒适性，具有购买兴趣广泛、购买力极强等特征。

（1）求新、求美、求个性

青年人对服装追求新潮时尚，喜欢具有流行特色的服装，充分体现个性，以博得他人的赞许和钦佩。

（2）求实用舒适，求性价比高

随着年龄的增长，青年人的消费开始趋于理性，注重服装的实用性与舒适性，追求货真价实的商品。

（3）购买兴趣广泛，购买力强

青年人对时尚的追求是全方位的，不仅体现在服装方面，还包括对服饰品的全面追求，帽子、首饰、包、鞋和伞等都是他们追求时尚的必需品。他们肯在追求时尚方面投资，表现出极强的购买力。

（4）易出现从众性与冲动性

青年人是积极地追星族群体，喜欢模仿名人、明星的着装打扮，表现出很强的从众性。同时他们购买服装时极易出现冲动性，没有计划，可临时决定购买。

2. 青年人服装冲动性购买行为调查

（1）青年人服装冲动性购买行为的因素构成

调查结果显示青年人服装冲动性购买行为的因素包括情绪因素、自我认同、个人偏好、人际干扰、情景干扰、经济实用、享受购物过程、谨慎消费等。

（2）青年人服装冲动性购买行为各因素的分析

在构成服装冲动性购买行为的所有因素中，最容易出于经济实用而进行冲动性购买，同时对谨慎消费的认同率较高。由于青年人已经形成了比较完整的价值体系，有自己的爱好和品味，较容易出于自我认同而进行冲动性购买，不太容易受情景和人际干扰。青年人心智已比较成熟，不大容易由于纯粹偏好和情绪需求进行冲动性购买。如图 8-16 所示。

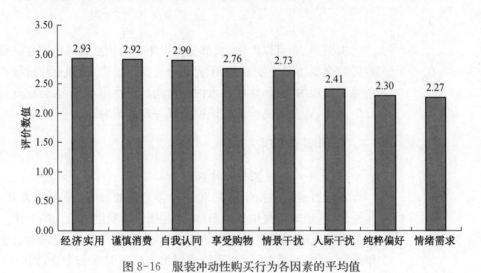

图 8-16 服装冲动性购买行为各因素的平均值

3. 青年女性对 T 恤的喜好感调查

现在社会的生活节奏越来越快，人们在穿着上则更加追求轻松自在。宽松的服装正好迎合了人们的这一心理，因此受到很多人的喜爱。设计师们在宽松 T 恤的设计上采用了各种各样的变化，给它加上各种时尚的元素，这样的 T 恤不仅时尚，而且可以遮住女性身材上的缺点，突出优点，这是宽松 T 恤受欢迎的原因。

调查以在校青年女大学生为对象展开，从消费者心理角度，对青年女性 T 恤的时尚感进行了调查。结果表明，相对紧身、合体、基本袖、小领子的女士 T 恤来说，宽松、束袖、大领的时尚指数相对较高，即宽松的 T 恤更具时尚感。造型变化多端的袖子和宽大的领子也是时尚 T 恤必不可少的元素。这个结论可以给服装业设计时尚女士 T 恤提供一定参考依据。

（1）T恤腰身

大多数女大学生对紧身、合体、宽松的T恤的喜好程度无太大差异，但喜欢宽松款式的略多。

（2）T恤袖长

喜欢基本袖的女大学生人数最多，其次是半袖，喜欢无袖的人数最少。由于无袖T恤易暴露女性身材缺陷，不被大多数女性喜欢。

（3）T恤袖口

喜欢束袖口T恤和喇叭袖口T恤的女大学生较多，喜欢基本袖口T恤的人数比较少。多说爱美女性都喜欢有个性的变化袖口，在袖口处做文章，可以增添女性别样的美感。

（4）T恤领型

无领T恤中喜欢大领口T恤的女大学生占大多数，其中喜欢大方领的人数最多，其次是大V领和大圆领。喜欢小圆领、小方领和小V领的人数较少。对于有领T恤，主要喜欢直角翻领和圆角翻领T恤。

四、中青年服装需求行为

1. 中青年女性价值观特征

价值观的含义很广，包括从人生的基本价值取向到个人对具体事务的态度，是人们决定行动和对事物做出判断的直接动机。对个人来说，价值观的形成与其所属的社会文化、习惯、环境、家庭、亲朋、教育、经验等许多因素有关。女性价值观就是女性主体在评价人和事时作为评价标准的看法和观点。女性价值观是女性对于社会实践的体验和思考，不同的历史发展阶段，社会经济形态不同，生产方式不同，女性参与社会实践有不同的形式和内容，因而有不同的价值观。同时，女性价值观作为评价事物和行为选择的标准，又与女性自身发展和整个社会发展有着十分密切的关系，换言之，具有怎样的价值观，对于女性在现代化过程中扮演什么样的角色，走怎样的发展道路有重要作用。

当代的中青年女性大多继承了中国传统的勤俭持家、精打细算的美德，形成了一种精于计算的性格特征。她们心理成熟，购买行为一般是比较理智的。她们当家理财，量入为出，一般不超计划消费。在消费过程中，她们常常按自己的习惯和爱好行动，一般不拘泥于过去的传统，而是顺应潮流，但又不完全受潮流的支配。其中越来越多的中青年女性更着意于自己的特点、个性，力求与众不同，显示出自己的独特气质和精神面貌了。

"服装价值观"是指人们对服装的认识和评价，特别指人们在服装的选择、取舍过程中，作为评价服装标准的那些观点和看法。

2. 华东地区中青年女性的价值观与服装行为调查分析

根据相关的调查表明，我国女性消费者有5亿多，占全国人口的很大比例。在整个消费市场中影响较大的是中青年女性，形成了具有极大的潜力和较为稳定广阔的市场。

(1) 调查对象

调查对象主要是居住在华东地区的中青年女性。调查对象的年龄主要集中在 36 岁到 45 岁之间,占调查人数的 64.1%。

调查对象中有 93.7% 的人已婚。她们在家庭中,大多扮演着女儿、妻子、母亲、主妇等多重角色。她们不仅为自己购买产品,而且还要为父母、丈夫、儿女、家庭日常消费着想。因此,相对于其他年龄阶段的女性来说,她们的消费行为更趋理智性。

调查对象受过大学教育的人数仅为 25.2%。文化层次的不同直接影响着她们的消费倾向。一般而言,文化程度较低和过集体生活的女性,其日常消费品的使用容易趋同;文化程度较高的女性,消费需求讲求个性。

(2) 服装价值观的因子构成

调查结果显示,现代中青年女性的服装价值观由 11 个因子构成:性感时尚因子、着装讲究因子、实用且易整理因子、自我风格因子、注重喜好因子、经济实惠因子、活动方便因子、认同品牌且重视色彩因子、社会认同因子、追赶潮流因子和方便穿着因子。

从服装价值的 11 个因子的平均值看,自我风格因子的平均值最高,认同品牌、重视色彩因子和社会认同因子的平均值也较高。这说明中青年女性有其独特的价值观和生活观,喜欢穿着体现个人风格和品牌的服装,并希望得到社会的认可。相反,性感时尚因子、随性穿着因子和经济实惠因子的平均值比较低。说明这个年龄段的女性大多不再追求性感和前卫的穿着,对于特别廉价的服装兴趣也不大。

以上分析表明,对于大多数已成为人妻、人母的中青年女性,其特定的社会和家庭角色决定了其消费心理的日趋成熟和理智。在消费过程中,她们不再拘泥于过去的传统,而是追随时尚,同时又有自己的独自想法。相对于性感和前卫时尚,她们更喜欢有品位,能体现个人风格和社会地位的服装。

(3) 依据服装价值观对现代中青年女性分类

以中青年女性的服装价值观因子为基础,用聚类方法把调查对象分为具有不同特性的三个群体,各个群体的特征分明。

① 讲究型

第一类群体在"着装讲究因子""活动方便因子""方便穿着因子""认同品牌重视色彩因子"四个因子上比较突出。这部分中青年女性着装比较讲究,重视服装的可用度、宽松性和活动的方便性。这种类型可称为"讲究型"。这一类型人数最少。这类人往往选择适合自己肤色及和现有服装可以搭配的服装,有自己的品味和独特的魅力,但不会一味的追赶潮流。

② 大众型

第二类群体穿着没有特别的讲究,但依然具有中青年女性的共性,即购买实用、易整理的服装,有自己的风格,追求社会的认同。这个类型的中年女性可称为"大众型"。"大众型"占被调查人数的 63.3%,是人数最多的类型。这类人可以说是现代中青年女性的代表。她们一般都是上有老下有小,当家理财,量入为出,一般决不超计划消费。但是这种情况又不同于物资匮乏的年代,随着改革开放的深入,经济水平的提高,越来越多的中青年女性开始追求服装与性格的统一。

③ 时尚型

第三类群体中,"追赶潮流因子""认同品牌且重视色彩因子"特别突出,"活动方便因子""方便穿着因子"等则不够重视。这部分中年女性不喜欢落后的、过时的服装,主要购买比较特别或新款的服装,可称为"时尚型"。这一类型的中青年女性占调查人数的近 1/3。

(4)现代中青年女性的服装消费行为

① 挑选标准

现代中青年女性挑选服装时,对"穿着舒适感"的重视程度最高,其次对颜色、品质及与自我形象的适合性也比较重视,对于时尚及流行趋势则关心较少。这跟中青年女性的多重家庭角色及社会地位是相符的。他们对于流行表现得泰然处之,认为服装重要的是搭配与舒适,不会对时尚趋之若鹜。

② 信息来源

对现代中青年女性而言,比较有影响力的信息来源主要有卖场或橱窗的展示、朋友或家人的意见、对他人服装的观察及服饰杂志等。其中最重要的来源是"卖场或橱窗的展示",可见现代中青年女性大多数还是喜欢逛店,喜欢体验式消费。其次,卖场的设计及服装的陈列能否吸引客人的眼球,对中青年女性的服装购买有着直接的影响。相比之下,现代的中年女性对于明星的穿着、网络及室外广告的宣传则不大关心,说明明星穿着所带来的服装信息离人们的日常生活距离较远。现代快节奏的工作和生活使人们很少有时间去关注室外的广告,而网络的作用则与其推广程度及可信度有关。

③ 购买场所

比较受中青年女性青睐的购买场所是购物中心、百货店及品牌专卖店。而服装品种繁多、价格低廉的服装批发市场则不被重视。这与中青年女性有一定的经济实力、重视服装的品质和个人品位是相关联的。

3. 北方地区中青年女性的价值观与服装行为调查分析

以我国北方地区女性中年人为调查对象开展的价值观与服装行为调查。结果表明,中年女性购买服装的动机可以分为追随时尚、礼仪需要、非计划性和实际需要 4 个方面。不同学历、月收入、职业中年女性的服装购买动机区别调查结论如下:

① 学历比较高(如中专及以上)的中年女性购买服装的动机在追随时尚、礼仪需要和非计划性方面明显高于学历低的中年女性,特别是研究生及以上学历的中年女性更为突出。也就是说,随学历的增高,中年女性更加重视追赶时尚、社交场合的着装。而学历比较低的中年女性主要根据需要购买服装,常常是没有合适服装可穿了才想买服装。

② 与不同学历中年女性的服装购买动机区别相似,收入比较高的中年女性购买服装的动机在追随时尚、礼仪需要和非计划性方面明显高于低收入的

中年女性。

③ 服务行业、经商人员和干部职业的中年女性追随时尚的购买动机比较高,因为这些中年女性的职业特点需要她们注重外貌、注重礼仪。

上述分析表明中年女性购买服装的动机随时代的发展已经发生了巨大的变化,已经由传统的以家庭为中心转向现代时尚型、形象礼仪型。不同学历、收入和职业的中年女性的服装态度存在显著的差异表明,在我国也是可以按照这些基准来划分社会消费阶层的。

4. 中青年女性生活价值观与外貌管理行为调查

(1) 中青年女性对自己外貌的管理现状

中青年女性的事业、家庭渐趋稳定,子女也已长大,她们可以有机会搁下挑了一路的重担,做回自我,享受难得的轻松闲适。有调查显示,目前我国成年女性按生活方式大致可以分为现代时装志向型、保守实用型、个性诚挚型、消极(传统)平凡型、夸示标志型和他人志向型等六种类型,其中夸示型、保守型和平凡型的比例较大。

保守实用型的女性喜欢平安、无负担的生活方式,追求经济上的安定与平安,是以家庭为中心者,她们的着装态度消极,习惯看他人眼色行事,不关心流行,喜欢礼仪端庄的服装款式,强调实用性,重视服装和人文的内在品质,喜欢运动、休闲、干净的形象。

平凡型女性重视充实的家庭为中心的生活,喜欢生活无负担,喜欢生活方面的杂志和连续剧,注意他人看法,喜欢沿袭或依赖他人的选择和判断,重视按穿着氛围来选择衣服,喜欢基本感性的、直接的女性形象,喜欢与流行无关的能长久穿用的款式,喜欢在有名商标的代理店买服装。

夸示型女性喜欢悠闲的生活,认定物质的价值,喜欢现代的西方文化,喜欢家庭为中心的生活,喜欢时装杂志,喜欢用稀奇的商品,喜欢夸示自己,她们感性优雅,追求有品位的女性形象,喜欢感觉型的、时装型的款式,看见喜欢的款式不管价格多贵也要买。

现代中青年女性在兼顾家庭和事业的同时,对自己的外貌管理主要体现在参加运动和外貌护理方面。有调查表明她们参加的运动主要包括各种球类活动(其中含高档次的保龄球、高尔夫球,但专业性球类活动除外)、游泳、体操、各类健身舞、太极拳等传统体育项目及各类有益身心健康的气功锻炼、沐浴修脚、桑拿按摩、减肥塑身、爬山、远足、户外垂钓等。

外貌护理主要是化妆美容护理,以保持仪容的美观悦目,以利社交活动的开展和同事间的和谐相处。具体项目主要包括理发(含洗、烫发)、染发、修眉眼、整口鼻、除皱纹、治脱发、祛斑痕、涂脂粉、女性的隆胸等。

有调查显示,在对护肤品价格、品牌、质量、适合自己使用等影响消费因素的调查中,中青年女性消费者都把价格实惠作为首选,其次才是质量好,而对商品的品牌形象看得不是那么重要。

(2) 中青年女性生活价值观调查

为了了解中青年女性这一群体的价值观以及她们对外貌管理行为的做法

和看法,调查以浙江嵊州、江苏苏州地区 30～60 岁女性为调查对象,其中以 30～50 岁的中青年女性为主,调查得出以下结论:

① 中青年女性因其特殊的社会角色,她们喜欢安定的生活,自我尊重,而不喜欢冒险刺激的生活。

② 所有的中青年女性都追求安定的生活。但学历较高的中青年女性还认为安定的生活固然很重要,但如果没有自己的事业、在社会生活中没有一定的成就那是不行的,她们大多追求社会生活中的成就感。

③ 在外貌管理行为中,中青年女性重视的是基本保养和美容。生活条件的改善,使得现在的中青年女性开始注重自我,虽然不会花大把的钱来改善外观,但以健康、方便为前提的必要的保养整理她们还是非常重视的。但她们不赞成采用强制性方法去实现体型控制。

总体来看,对于中青年女性来说,年龄越大,每月平均外貌管理费用越低;学历越高,每月平均外贸管理费用越高;单身的中青年女性每月平均外貌管理费用较高;月平均收入越高,每月平均外貌管理费用越高。

五、老年人服装需求行为

老年一般是指 60 岁以上的群体,是社会的一个重要组成部分,尤其是我国已经步入老龄化社会,老年人的服装市场越来越被人们重视。近年来我国研究中老年人服装消费行为和消费心理的论文很多。

1. 老年人服装行为特征

(1) 对服装的需求日趋多样化

随着年龄的增长,老年人逐渐退出工作岗位,交际范围变化,交际方式多样化,他们希望从丰富多彩的社会生活中寻求精神寄托和生活动力,因此对服装的关注程度也在变化,求个性、求时尚、求从众,对服装的需求也日趋多样化,迫切通过服装来修饰自己,弥补身体方面的不足而增添活力。

(2) 对服装舒适性日趋关注

随着年龄的增长,老年人身体机能减弱,对服装提出了相应的舒适性要求,既要求服装面料吸湿排汗、弹性好的舒适性,同时又要求服装款式宽松大方穿脱方便舒适。

(3) 求性价比高,需求量大

传统的消费习惯,节俭的生活方式,使得我国的老年人消费理性极强,在服装消费方面也同样追求价廉物美,物有所值,不大去追求名牌,很少冲动消费。但是,他们有稳定的收入,他们没有年轻人那么多的经济压力,在服装消费方面是实力派,因此随着消费理念的变化,服装的需求量很大。

2. 老年人服装购买行为特征

很多研究结果表明,老年人购买服装时喜欢选择大商场和离家路途较近的商店,商场的购物环境好,服务热情并有导购的服务生,有休息的地方。也愿意去服装品牌的专卖店和连锁店,喜欢反复挑选,最好允许可退换;在选购服装时喜欢子女、老伴或老朋友一起上街,可互相参考;对服装广告宣传反映一般,靠积累的经验,多理智的选购服装;但由于经常看电视和听广播,则受电视和电台的影响大;老年人在购买服装上比较舍得花钱,但购买服装的观念比较传统,认为没必要买太贵、太多的衣服;但也有一部分老年人持有时尚享用的消费观念,注重名牌和购置展示自己身份的服装,他们也会经常到网上买衣服,是老年人队伍中的时尚派。

随着我国,人民生活水平的提高,老年人消费观念的改变,知识层次和收入水平的提高以及社会保障体系的完善,老年人的服装态度和消费行为也会发生更大变化。

思 考 题

> 什么是流行? 流行的主要特征有哪些?

> 以当前流行现象来说明服装流行类型有哪些?

> 流行有哪些规律?

> 流行传播的主要特点有哪些? 传播过程可以从哪几个层次分析?

> 流行的群体传播过程有哪几种基本模型? 各有什么特点?

> 影响服装流行的社会因素有哪些?

> 影响服装流行的个体因素有哪些?

> 简述婴儿装需求特点。

> 简述青少年和青年的服装行为特征。

> 综述中年女性和老年人服装行为特征。

第九章　服装治疗

· ·

　　每个人都希望一生漂亮、健康、幸福地生活着。女人美丽动人，男人英俊潇洒，一生生活平安事业成功的人很多。漂亮的外貌对人们的自信心、社会交际能力、人际关系能力、运动能力、学习能力、情绪性，以及与社会生活相关的各种行动都密切相关。

　　但是，不尽人意的情况还是很多的，这是不以人们个人的意志为转移的。例如有的人生来身体残疾，正常的人也会因交通事故、火灾等原因造成外伤导致身体残疾。有的人脸长得漂亮但个子矮或胖，有的人体形身高都很匀称但脸长得不漂亮，与身材不相配。这些后天的或者先天的身材残疾会导致本人精神上的孤独，外貌方面的问题会导致人们精神上的痛苦，也就是说要经受着缺乏自信心、不安、忧郁等折磨，甚至会导致精神上出现疾病。还有，与身材上的缺陷、损伤无关，生活困难或者突发事件的打击导致的精神上异常现象，以及生活环境的影响导致人们不可自控的神经功能丧失的精神疾病。

　　爱美之心人皆有之，每个人都希望通过着装来提高自身的魅力，以在社会生活中能有一个理想的自我形象。身材缺陷者、精神障碍者或者说精神病患者也同样需要有一个令自己和他人满意的外观。因此可以用服装作为辅助物对他们的疾病或心理障碍进行治疗，或者说通过服装治疗使其外貌形象改善、心情状况得到调整，使他们更好的适应周围环境、适应社会。这对于社会来说，是一件很有意义的工作。国外学者们关于利用服装对上述疾病或者心理障碍进行治疗的研究和探索已经进行了多年，国内也有许多报道，本章简要介绍服装治疗的作用和方法。

第一节　服装治疗概述

一、服装治疗的含义

　　服装治疗（Fashion therapy）是指以服装为主，应用可以附加到人体上的所有因素使受过损伤的自尊心和对自己的否定性情绪得到恢复的辅助性的治疗方法。服装治疗虽然不是能直接地治疗疾病的治疗方法,但可以通过着装增进精神上和身体上的安定感、改善外貌,进而达到治疗效果的心理治疗方法。对于外貌有缺陷的人来说,能够使身体上的、精神性的自尊心提高,使他们的情绪和心情得到改善,有助于他们情绪上的稳定。

自尊心是一种对自己的肯定性态度,是自我意识的一个重要的因素,是指欣赏自己、赞赏自己的程度。考察与自尊心有关的研究结果,不难发现人们的自尊心越是高,心理上越是安定,对社会认可的依赖性越小,对服装或外貌越是关心。因此,对于自尊心比较弱的人,应该积极利用能使其自尊心提高的工具——服装。

服装治疗,就像药物治疗用药物、游戏治疗用玩具、音乐治疗用音乐、美术治疗用画来治疗一样,用服装作为治疗工具时,是以服装为中心,同时配合使用化妆品和首饰等与服装相关的所有的用具,探索使外貌得到改善的方法。

我们在生活中,会有各种各样的与个人有关的事件发生,也在不断地经历着外界环境条件的变化。我们经历的这些各种各样的事件会诱发疾病,有的问题可能只关联到我们某个人。但大家都会面临着灾害、洪水、战争等事件,每个人都要面对大学入学考试、职业生涯、朋友、家庭、夫妇间的矛盾等个人的问题。除先天性的外,生活中发生的各种事件如交通事故、火灾等造成的身体残疾和精神障碍的情况很多。

服装治疗对身体残疾和精神障碍者肯定是有帮助的。外貌变化的冲击使他们精神上变得孤独,通过服装和化妆使他们的外貌变得漂亮,有助于提高他们生活的幸福指数。对社会的不适应行为不是因为外伤和损伤,是由于精神上的打击、生活的痛苦孤独等精神障碍所导致的。由于精神障碍者对自己的外貌不在意管理,进而对自己自身感到忧郁、感觉不幸。设法使他们对自己的外貌关心,提供给他们打扮自己的环境与方案,使他们精神上感到愉悦,生活的欲望提高是非常重要的。

二、身材性与精神性障碍

1. 身材性障碍(即形象损伤)

身材与一个人的自尊心、自信心、欲望、哭与笑、魅力、服装兴趣、人际关系、智慧等有着密切的关系。一个人的身材与其感性思维有关系,感性内容传达到大脑中就会导致形象上的变化。如仇恨憎恶时身体坚强有力,友好爱慕时身体柔软。

身材性障碍大体上可以分为先天性的残疾、后天性的残疾和与体型、体重有关的对自己身材不满意等三种情况。

(1)残疾

有的人是先天性身体残疾,这些生来就是身体残疾的孩子与正常的孩子不同,是在惊讶、悲伤、奇形和麻痹的环境中形成的自我概念。他们要接受治疗,给家庭增添了很大的负担。家庭不是在平安和幸福的笑声中把孩子养育成人，而是以一种悲痛和罪责感、悲伤的感情对待孩子。孩子们的自我意识形成是受他们成长的环境影响的，外观上有缺陷的孩子是在与正常的孩子不同的充满担心、不安的氛围中养育成长的。有学者研究发现外貌有缺陷的孩子妈妈比正常孩子的妈妈会给予孩子更多的关照和刺激。如有兔唇和结巴缺陷的孩子妈妈因为有压力，对孩子有时也会直接表示出来，不能给予孩子像正常孩子一样的安定和满足感。这些孩子自己也觉得与正常孩子不同，感觉到被否定，这样的经历成为孩子自我意识发展的障碍因素。有关外观有缺陷的孩子和正常孩子的成长过程相比较的研究结果表明，外观有缺陷的孩子因为经常受到他人的戏弄，他们的成长发育过程比正常孩子更加怪癖。由于身体缺陷常遭到诽谤对孩子的自尊心形成有直接的密切影响，间接地影响孩子精神上的发育，成为不健全的感情形成的因素。

（2）外伤

因烧伤、交通事故等导致外观残疾的人很多。火灾中受伤的患者不仅要承受伤痛、治疗疼痛，而且由于自己的外貌不可能回复到原来的状态，承受着精神上的痛苦。烧伤患者在这一过程中最困难的是要承受外貌上的变化。某一天，正常的外貌突然变得令人吃惊，对此心理上是不可能马上接受的。从受到打击开始，到忧虑，到逐渐恢复，患者要把以前的自己忘掉，承认"新的自己"。从此，他们由于身体上的缺陷，要接受他人异样的目光，渐渐地变得孤僻。别人如果对自己的非正常外貌觉得奇怪、不一样，就会与他们产生距离。

（3）身材缺陷

现代生活方式的快速变化，人们对个人身材越来越重视。体重过重或肥胖成为很大的缺陷，漂亮的服装往往不敢问津。不仅仅是肥胖人，就是正常体重的人也有人认为自己过胖、体重过重，很多人也感到心理不安，青睐各种减肥治疗药物和方法。类似这样的心理上的不安对这些人的基本形象和自尊心形成有很大的影响。与男性相比，女性所受到的影响更大，即女性很重视他人如何看待自己。一般情况下，胖女人比普通女性的社会活动和与朋友们的约会机会会减少，约会的成果和满足感低，容易被朋友们开玩笑等。

（4）皮肤缺陷

皮肤的主要功能是防御环境中物理的和化学的伤害，为人体必需物质的流失提供屏障，为人体提供体温调节和感官知觉。同时，皮肤又可作为人的情绪表达器官，当人愤怒、害羞、害怕和反抗时，皮肤会出现苍白、脸红、出汗、汗毛竖起等表象。

皮肤缺陷是指皮肤呈现不被人们满意的症状。这些症状有自然形成的，如皮肤的黑、白、黄或出油等。有些缺陷是通过皮肤反映出的人体某种代谢不畅或病态，如痤疮、白斑（白癜风病）等。

2. 精神性障碍

正常人很容易适应社会环境，在社会生活中对自己评价适度，现实性地思考问题，对自己的动机和感情能客观的认识和掌握，具有控制自己行为的能力，感觉到自我价值的存在，感觉到他人的认可，在人际关系上形成了亲热满意的关系。但是,精神障碍者则表现为社会不能认可的与众不同的行动,不能很好的适应社会的不幸情况很多,对周围的人作出异常行动,个人性的痛苦或悲惨、丧失食欲、忧郁症、不安感,以及各种各样的疼痛症状。

精神病历来是医学界的难题之一,据世界卫生组织(WHO)的估计,目前世界上有 4 亿人在遭受精神和神经疾病的痛苦或社会心理问题的折磨,其中精神分裂症患者的人数达到 6 000 万左右。我国的抽样调查表明,各类精神分裂症患病率在近 10 年间已由 12.9‰ 上升到 13.47‰,全国精神病人总数达到 1 600 万,其中以精神分裂症的患病率最高,为 6.55‰,即近 800 万人。城市发病率明显高于农村,上海的重症精神病患者达 20 万,有心理障碍问题者达 50 万,而且,高层次青年患精神疾病的增长趋势明显,这是令人扼腕痛惜的事情。据对北京市 16 所高校学生病休原因的调查,1982 年以前各类传染性疾病居多,1982 年以后以精神疾病为最,其中神经症占 74.4%,精神分裂症占 17.6%,且研究生所占比例相当高。据专家们预测,21 世纪将是心理障碍和精神疾患大流行的世纪,对于转型期的中国来说,尤其是这样。随着我国经济和社会发展的步伐加快,生活节奏和竞争的日益增强,精神病患者会继续增加。

现在,我国精神病防治工作存在诸多问题。首先社会的偏见和歧视是最大障碍。精神病的致病因素中,心理因素具有特殊的重要作用,因此,患者需要更多的关爱和呵护。但现实恰恰相反,社会上歧视和轻慢精神病患者的现象却无处不在。社会上献爱心活动也很少把精神病人列为对象,这从一个侧面反映出社会对精神病人的偏见。精神病人的家庭都有一种羞耻感,多数都不愿公开病情,不主动去寻求治疗。在精神病科或精神病医院里,病人也往往得不到足够的尊重,有少数医生看病不认真,护士服务不耐心,冷眼相看,冷眼相对,令患者及其家属心寒。实际上,精神病人即使是在发病期,仍残存着部分正常精神活动,只要医务人员、家属及周围的人都能理解和善待他们,使其残存的正常精神活动逐步发挥作用,逐步减轻或摆脱病理症状对病人的不利影响,就可使他们恢复正常理智。

(1) 精神障碍产生的原因

精神性障碍产生的原因分为遗传和生物学原因、社会文化性的因素以及心理因素等三方面。

① 遗传及生物学原因

精神障碍一般来说属于遗传的情况很多,应该说是遗传学和环境学因素的复杂相互作用形成的。四肢无力症、肌肉萎缩、神经萎缩等身体上的生理性障碍是遗传原因,癫痫病有的也是受遗传的影响,大脑疾病很多也是受遗传的影响。作为生物学原因,长时间的营养不良、深度疲劳、严重感冒、环境污染、细菌感染等会诱发精神脆弱、精神分裂症、忧郁症和神经症等。

② 社会文化因素

家庭问题、邻里间的问题和职业上的问题等属于社会文化因素。人属于社会,社会赋予他(她)文化性的义务、权威、职位等是强制性的。社会经济中,素质高有能力的人能够改善自己的地位,但如果不成功就可能成为异常行动的原因,会影响到家庭形态、养育形态和经济结构为基础的价值观形成、信念和信仰、社会态度。战争、失业、结婚等社会文化性因素的影响是多种多样的。

③ 心理性原因

社会生活中,人们在不可避免矛盾面前和欲求得不到满足时,如青少年面对的高考、就职压力、身体疾病、孤独、恋爱失败、外貌损伤等,就有可能产生异常行动。再例如,家庭不和睦、妈妈离家出走,使孩子心理上承受着没有妈妈的痛苦,出现不吃饭、手脚变硬、便秘、忧郁症等症状。还有的人没有家,一个人生活,就什么事情也不能做,整天躺着,没有办法解决问题便出现幻觉,渐渐变成精神病。

(2) 精神障碍的分类

精神障碍可以分为行动异常的神经症、性格障碍和精神病等三种。

① 神经症

神经症是精神障碍患者中非常突出的一种。神经症是指神经过敏或不安,与精神病不同。神经症可以分为歇斯底里、不安、恐怖症、强迫观念、忧郁症等。神经症患者因为只是在人格特征部分有障碍,如果在社会中能够适当地适应,是可以像正常人一样生活。尽管如此,由于他们在社会生活中会被某些茫然的恐怖所干扰,会使自己的自由行动受到制约。神经症对什么事情都觉得不安、神经过敏,虽然还不清楚是什么原因使他们感到不安,由于他们的茫然的不安感,每日不能平平安安地生活。

恐怖症虽然与不安的神经症相似,但不是茫然的,是对特定的对象或状况产生非正常的害怕。强迫神经症由于是对特定的状况或事件产生的不安感,为了逃避,连续反复地做出某种行动或产生某种想法,是心理障碍。正常人有时也会忧虑自己出门前是否把门锁上了,产生一种不安感和疑心。但是,如果达到了妨碍正常生活的程度的话,就变成强迫观念。

女性生孩子后发胖或者乳房癌手术后身体整体性损伤也会引起忧郁症。因为不喜欢发胖的身体,对穿着打扮产生的怪癖和压力也会引起忧郁症。但是对忧郁症如果忽视治疗的话,19％会再发。精神和专门医生们认为,就是身体没发生异常变化,总是想到不舒服或生病病得很厉害等,或者想到世界上只有自己一个人,感到绝望、恐吓感、发脾气、焦躁时,人们的记忆力和注意力集中也会下降,出现头痛、消化不良等症状。治疗方法是需要家庭给予温暖的语言交流,给他们穿感觉好的衣服,起到精神支柱的作用。

② 性格障碍

性格障碍与神经症不同,没有神经症那样特别的不安症状,而是对自己和社会采取不利的行动的性格特性。性格障碍者具有过分的攻击性、对他人过分的依赖、与朋友不能很好的交往、人格上不成熟,以及过度的粗暴、与一般人不一样的行动等特征。分精神病性格和自我陶醉两种。精神病分类主要有躁狂症、抑郁症、痴呆症、强迫症、恐惧症、妄想症、幻听幻视症等。

精神病性格是指不能控制自己的瞬间冲动,对自己的行动反省、有罪意识不足等状况。完全没有不安感,也没有道德心,认识不到自己有错误。精神病也不是没有现实感觉。反之,他们很有魅力、亲切,对社会具有很好的适应能力。但是,由于没有道德观念和罪责感,有危险性。

自我陶醉在精神病性格障碍者中为数非常多。自我陶醉者完全被自己吸引,对自己以外的任何事情都不想,对别人也不爱。自我陶醉者认为自己是宇宙的中心。由于认为自我为中心,有过分的妄想,所以会认为自己是富人、头脑特别聪明、举世无双、权利很大。认为世界上所有的人都应该爱自己,而自己对别人则不关心。

近来,本身没有什么性格缺陷的人拜访心理医生者也渐渐增多。因为他自己感到自己在社会生活中一直不大适应,与周围人不能很好协调。

③ 精神病

精神病是心理障碍中非常严重的症状。把神经症与精神病严格区别是很难的,精神病患者们就是听见异常的声音也会产生幻觉,没有什么特别的事情也会悲伤,感到孤独悲惨。精神病分焦郁症和精神分裂症。

焦郁症与精神分裂症很难区分。正常人也会在自己所爱的人去世时而悲伤。但是焦郁症病人会过分高兴和过分悲伤。忧郁时一直忧郁,不吃饭,不愿意活着。焦郁症患者对自己很少评价,自尊心低下。

而忧郁症患者为一点点小事也会感到挫折。反之,在发病时期,会认为自己是这个世界上最幸福的人,面对所爱的人的去世会微笑。情绪很容易变化,瞬间就会从忧郁状态急转。

精神病中最为严重的是精神分裂症。精神病的特征是非正常性的情绪表现、奇怪的语言或行动、幻觉、妄想,以及异常的思考和情绪导致的行动。

三、服装治疗研究与发展

最初服装治疗主要是针对精神病患者遭受到不公正的待遇,在社会中被隔离,基本的衣生活都不能满足的精神障碍者而开始尝试的。二次世界大战后,西方国家开始提倡为精神障碍者治疗的新治疗概念——环境治疗。服装治疗属于形成民主平等的治疗环境的范畴。后来的精神医学研究领域中,有人做过关于精神障碍者的特点相关研究,20 世纪 50 年代后服装学科中也开始了研究,1959 年服装治疗研究首次进行。

观察身材性、精神性障碍者与外貌相关的普遍性的临床特征,表现为很低的自尊心、情绪性的痛苦等,令他们自己不满意的外貌使这些症状更加严重。因此,许多服装学者认为服装可以作为身材性的、精神性障碍者治疗的辅助手段,期待着治疗效果的产生。研究结果表明,精神障碍者对服装的兴趣比正常人高,外貌漂亮的患者出院后能很好地适应社会,再次发病率较低。并且,精神障碍者们随着症状好转,对外貌和服装很关心。因此,也可以借助服装来防止他们疾病的复发。

对于身材性的、精神性的障碍者,把服装作为改善外貌的工具,最大限度的发挥他们身材方面的优点,使其缺陷最小化,提高自尊心,让穿着普通人的服装(不是患者服装),像普通人一样怀着自由的情感,对自己的外貌感到满意,有助于他们的社会适应能力和生活质量的提高。因此,如果能提供使被隔离的、不自由的精神障碍者的外貌发生变化的环境和实施方案的话,是有助于他们的治疗的。

1. 精神障碍者的服装行为研究

有学者对正常人与精神障碍者的服装兴趣与欲求之间的关系进行了研究,结果表明女性精神障碍者比正常女性对服装购买、服装设计与流行、服装整理的欲求还要高,这是因为非正常人在与外界隔离的医院环境中,她们对美的欲求被遏制所致。她们不喜欢当时流行的黑色和灰色,喜好干净的颜色和表面光滑的薄面料和自然花纹的、女性化的款式。还有研究结果表明住院患者因为她们的精神障碍失去了穿着打扮的机会,所以表现出对服装的强烈的欲求,与流行服装相比,他们更喜好柔软的服装。从护士穿着护士服装与精神障碍者的反应与行动的关系研究表明,入院患者更喜欢穿着普通服装的护士,愿意服从他们的指挥。由此可见,她们有着穿着普通人服装的欲望。

有的研究结果还表明精神障碍者喜欢红色系列、蓝色系列和绿色系列,对自己身材不满意的人喜欢穿鲜明艳亮的颜色。对精神障碍者的身材满足度、外貌魅力性和忧郁水平与服装颜色喜好关系的研究结果表明,她们对身材满足度和自己外貌魅力性的满足度低,对自己能有一个理想的外貌的期待值很高。由于对自己外貌期待值高的患者忧郁症状严重,把她们的患者服改变颜色,使他们对自己的外貌有自信心,对治疗效果会有一定影响。

2. 精神障碍者的外貌和社会适应性研究

有研究表明入院患者的外貌魅力比正常人差,越是被评价为外貌有魅力的患者,适应性越高,对医院也容易适应。特别是评价外貌魅力差的、被诊断为精神分裂症的、入院时间长的、来探望亲友少的(意味着他们的人际关系处理得不好)的患者,适应能力明显差。还有学者对正常人和精神障碍者的外貌进行过比较研究。有的学者在外貌魅力的评价中(为了进一步探究魅力性的影响,不考虑入院状态度影响力),通过把发病前的毕业照片与周围的人的照片进行比较研究,研究结果表明精神障碍者的外貌属于下等水平。也有学者以出院患者为对象进行研究,在对出院前和出院 6 个月后的社会适应性比较中也验证了魅力对社会适应性的重要影响。

关于精神障碍者外貌看上去的年龄特征研究结果表明,精神分裂症患者外貌看上去的年龄与实际年龄是不一致的。比较住院的精神障碍者、其他症状的患者和没有住院的患者的外貌,精神障碍者的年龄看上去比实际年龄大,比其他疾病的住院患者看上去年轻,但比没住院的患者看上去年龄大。其他疾病的患者也相同,住院的患者的年龄比没住院的患者的年龄看上去大些。

有学者以仅白天住院的患者为对象进行的一项社会技术训练方案中包含有外貌管理训练的内容,大部分患者在自己管理方面都通过清洁性、服装穿着适合性的辅助训练获得了好的效果。

西方国家关于精神障碍者的研究开展的比较多。这些研究中与外貌有关的研究分为外貌特征研究和外貌改善方案的效果研究等。这些研究结果也表明精神障碍者的外貌不如正常人的外貌有魅力。因此通过改善外貌计划使患者的自尊心提高,有助于治疗和防止疾病复发。

精神障碍者通过服装、化妆、首饰等的利用,使其看上去漂亮,在社会生活中能够持肯定性的适应关系,从人道主义的角度来说,也应该对精神障碍者的外貌进行研究,并且从社会福利的角度来说服装治疗也是很重要的。

因此,服装治疗不是独立的治疗方法,是精神病院里与医生共同实施的治疗方法,通过服装和化妆使精神障碍者在外貌上获得满足,由此感觉到自身的魅力,生活中也感觉到高兴愉快,这些心理上的变化对疾病的治疗是非常重要的。

同时,服装治疗原理也适用于日常人们的心理满足、心情改善、自我形象提高等。特别是对于气质提升、年轻漂亮的追求,合适的着装方式是最最重要的。

第二节　化妆治疗概述

人们的自我意识形成中,身材形象有着重要的影响。身材形象不仅对人的认识、态度、情感和行动有直接影响,对社会文化方面也有着重要影响。因而近年来,化妆(包括美容和美发)成为人们热衷的提高自我形象的手段。

化妆被认为在心情、情绪、身体健康、自我形象、自我尊重、对社会的态度、希望获得他人认可自己的行为方面都有显著的效果,被认为具有更加安全的、有社会气质的、令人愉快的、勤奋的、更加尊贵的、更加自信的、更具有系统性、更时髦的效果。

一、化妆

1. 表面化妆

美是人的天性,人们喜欢通过表面化妆这门艺术来达到自我装扮,吸引异性,表达美感的目的。古代人们发现赭石具有杀菌和除臭的功能,用赭石粉和水涂在身体上抑制身体气味、去除油脂。新石器时代开始,纺织和农业的发展,植物染料开始被应用于化妆品,逐渐发展到现代取之于动物的、植物的和矿物的各种化妆品。化妆同服饰品一起成为人类社会发展不可或缺的部分。

有研究表明,表面化妆对人的外貌有明显的影响。

2. 美容

除了表面化妆,人们还喜欢通过美容来改善外貌形象。人们可以采用对身体多个部位进行装饰,如愈合伤疤、纹身、为戴耳环和鼻环打孔、隆鼻、纹眉、割双眼皮、拉皮去皱纹等达到提高自我形象的目的。

一般情况下,人们认为漂亮的人善良、友好、合群、敏感、易引起注意。化了妆的女人被认为更整洁、有气质、干练、干净、漂亮、更具有身体的吸引力和成熟的形象。

3. 美发

头发护理对提高外貌形象也同样很有帮助,而且还展示了个性。不同历史时期流行着不同的发型。不同情况下,发型、头发的长度和色彩表达出不同的信息。

合适的发型使人的个性更受欢迎,被看做更仁慈、友爱、勤奋、真诚、值得信赖、高贵、友好、敏感、时髦。

二、化妆治疗

化妆治疗包含多种治疗方法,主要源于人们对心理鼓励和自信恢复方面的需求。

1. 浓妆

大部分人的皮肤都有不尽人意之处,如果覆盖的完美,可以大大提高其"颜值"。化妆和发型可以作为一项技术来分散人们对不完美地方的注意力,特别是掩饰老化效果明显。人们常看见的舞台上的明星们光鲜不老形像就是很好的例子。

浓妆可以用来遮盖和掩饰很多皮肤上的缺陷,比如粉刺、白癜风。还可以掩盖一些永久的面部缺陷,如红斑等。

为修补伤疤、掩饰疤痕的化妆又称掩饰美容法。

2. 美容手术

不仅对于那些意外事故毁容者需要美容手术,人们为了追求完美的脸型、鼻型、眼型等都可通过美容手术得以实现。

3. 美发

美发与化妆一样,是一个人外貌管理的重要组成部分。发型能体现人的个性,合适的发型,给人的感觉是整洁、干净、漂亮和成熟。

不同情况下,不同发型、头发长度和颜色都可以传达出不同的信息。如新娘子的发型一定是充满浪漫情调的华丽美,职场女性的发型一定是表现出干练、整洁的成熟美。

第三节　服装治疗方案 ·····························

一、服装治疗方案的发展

美国是最早在家政学领域开始社会福利方面的工作的。1973 年,为了开发能使以精神病患者为主的异常人群在社会中活跃起来的外貌管理社会方案,以家政学者为中心,由各学科的专家们共同组成了研究会,主张家政学者应该积极努力为社会福利做些工作。

最早的关于服装治疗效果的研究是 1959 年在美国加利福尼亚洲的 Napa 洲立医院进行的,以女患者为对象,4 周中每周 2 次共 8 次。方法是在服装专业人员的帮助下,进行服装表演、展示、外貌管理讲座及外貌改善方法、服装制作和专门为患者设计的服装表演等。其结果是精神障碍者对自己的外貌持肯定的态度,大部分患者病情好转,特别是 30 多岁的拒绝参与社会活动的患者们在服装表演中感觉到自信感和幸福感,过去因为对自己的外貌缺乏自信感,对所有的社会性关系都回避,通过服装治疗病情好转,有的很快出院了。

从那时开始,专家们一直进行着通过改善外貌提高自尊心、减少否定性情绪来治疗精神障碍疾病,帮助他们提高社会适应能力,防止疾病复发等方面的服装治疗方案研究,其必要性得到了认可。

例如让症状良好的患者逛商店看服装,使他们对服装更加亲近,对自己的外貌更有信心。还有,以精神迟钝者为对象,家政学者们让他们重新学习服装选择与管理、外貌打扮等,结果是具有肯定性的效果。让精神迟钝的学生和正常的学生一起生活,他们会很快地模仿正常学生的着装打扮。让精神迟钝的女学生进行色彩挑选练习,他们选择协调的服装色彩的能力提高了,训练效果明显,并已经将其作为具体的服装治疗的方法予以推广应用。

二、服装治疗方案的效果

1982 年美国学者以住院的精神分裂症女患者为对象实施了 6 周和 9 周的治疗方案,治疗方案的内容包括姿势与身体动态、营养、运动、皮肤保养、卫生管理、发型整理、化妆与修指甲、服装选择、首饰选用等改善外貌方面的内容,还包括礼仪、模特和摄影等。在 9 周的治疗过程中,通过服装管理与修改、再学习,参观美容学校,增加了让他们改变自己的发型的内容。这一方案实施后,她们的自我身材和外貌满足度都提高了。实验还发现,给每天"吃"16~18套衣服的女患者戴丝绸围巾、穿有图案的裙子,并穿上合适的鞋,效果是她们停止了"吃"衣服,恢复了正常的生活。

有的服装治疗方案是以男士患者对对象的,结果发现他们对外貌更加重视,例如医院内的理发院变得常常很拥挤,所以在医院里设置了大的镜子,以便于对更多的患者进行服装治疗研究。类似的例子说明服装治疗方案具有普遍的效果。

1999 年,有韩国学者以精神病患者为对象,探索服装治疗方案实施的可能性。以白天去医院治疗的和住院治疗的共 37 名患者为对象,每周 2 次,共进行了 4 周 8 次,包括化妆、修指甲、做发型等外貌和穿用服装、佩戴首饰等,使他们的外貌发生变化,最后让白天去医院治疗的患者去商店观看橱窗展示的服装,让住院患者观看服装表演,结果都取得了明显的效果。

测定治疗效果的方法是测定现实性的和理想性的外貌形象变化,包括自尊心、不安、忧郁、敌对心理等否定性情绪的变化。方案实施前测定 1 次,进行到第 5 次时进行第 2 次测定,最后结束时进行第 3 次测定。从 3 次测定结果看,首先,有魅力的、有品味的、大胆的、自然的等肯定性形象都有提高,对于有魅力的形象的期望值也提高了。其次,自尊心提高了,所有的否定性情绪都减少了,特别是忧郁症状的减少效果最明显。其中外貌形象和自尊心在方案实施的前半部分,即第 2 次测定时已经显著提高,否定性情绪则在整个方案实施过程中呈不断减少的趋势。

治疗结果表明,他们的现实性的自我形象确实发生了变化,自尊心提高了,不安、忧郁、敌对心理明显减少了。所以,该研究证实了服装治疗有效果的结论。

但这类研究,受到实验对象、实验环境等方面的很多限制。如一般人和其他学科的研究者还不能自由随时地接近患者和治疗环境。还有,让他们穿用服装、改善外观的用具、时间、试验者的时间和费用、人员等问题都随之而来。这些问题如果能够很好地得到解决的话,在我们生活的社会中,狭义上说服装,广义上说衣类学文化对精神上需要治疗的人,或者说性格孤僻的人都可以积极地应用,这些结果对正常人的自尊心提高,精神上不安、忧郁、抵触心理的治疗也都是适用的。因而服装治疗的各种方案都应该深入研究开发。

到目前为止,我国还没有服装学者开始专门进行这方面的研究。但对精神病患者实施药物以外的辅助治疗已经开展,如北京医科大学精神卫生研究所第六医院让入院患者自己做风筝、画画、做各种手工制作的布艺画、编织物、写书法等,医生们可以从病人绘画作品的色彩、场景中间接地了解到病人的心理状况并进行相应的辅助治疗。现在,精神病院的管理模式也已经逐渐开放化、家庭化和社会化了,病人的治疗、饮食结构都有主管医生监督,在病人得到治疗和护理的同时,除了适当的行为限制措施外,让他们尽可能地过正常人的生活,根据病情并结合病人的体力、兴趣和专长参加一些文体活动、外出参观和郊游等,使他们病愈后,能够向正常人一样学习和工作。

三、服装治疗方案的具体实例

各个国家学者的研究结果都证明了服装治疗方案的效果和实施的必要性,为了探索更好的治疗效果,国外的学者们正在不断地继续开展这方面的研究。为了理解和掌握具体的研究,或者说了解具体治疗方案,下面介绍一个韩国学者进行研究的实例。

1. 服装治疗方案模型

服装治疗方案以下面的模型为基础。对以前的学者研究中使用的方案进行了补充,2000 年 3 月开始,用一年的时间,以各种精神疾病的患者为对象进行了研究,这一方案对精神病出院患者进行 6 周,每周 2 次共 12 次,第 1 到第 5 次只进行化妆,从第 6 次开始到第 11 次在化妆的同时增加服装和首饰使用。这一方案不仅对外貌改善,还给他们提供了改善外貌管理的化妆技术反复实践练习的机会。这样的实际训练是出院后适应社会的必需条件,在增强自信感中起到了重要的作用。为了进行各种各样服装的协调搭配穿着训练,需要有很多服装,准备了适合在各种场合穿着的服装来进行训练。服装治疗方案模型如图 9-1。

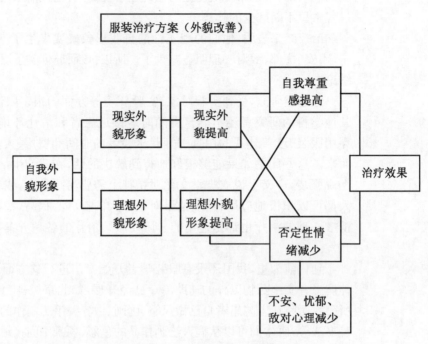

图 9-1　服装治疗方案模型

2. 服装治疗方案概要

① 讲座：外貌管理的重要性及方法的理解。

② 外貌改善：肯定性的外貌形象展示（化妆、服装、首饰应用）。

③ 外貌管理技术训练：

收听磁带；

服装款式和色彩记忆；

化妆方法和服装搭配训练。

④ 病情与姿势：表情管理，坐姿和走动姿势练习等。

⑤ 橱窗及商店参观：参观百货商店或特色专卖店，扩大对时装的理解和增加实际购买的经验。

⑥ 服装表演：作为计划实施的阶段，在很多人面前展示改善了的外貌，是提高自信感和情绪效果的机会。

⑦ 其他

人体测定

照相：对自己外貌的变化过程通过照相可以认识理解。

对话：通过对自己的外貌等在计划实施期间的语言表示，理解被测试者对计划的反应与效果。

⑧ 评价：对计划实施的效果进行测定和量化评价。

3. 工具

这一计划中使用的工具可以分为两类。第一类是外貌改善工具，包括服装、化妆品、首饰、鞋、香水等,附带还包括选择服装和数据效果需要用的人体测定工具。第二类是测定治疗效果的工具,包括观察外貌效果和期待效果的肯定性自我外貌形象尺度的现实性及理想性外貌形象尺度。观察治疗效果的自我尊重感尺度和情绪尺度。

四、服装治疗的展望

心理学和心理治疗作为一门专门学科已经有100多年了。从最近的理论发展情况看,预计未来的几十年中这一学科的理论、研究、实践将都会非常急剧的发展变化。人们对精神病患者的治疗的认识在提高。

到目前为止,学者们的服装治疗研究大多是以精神病院的患者为对象进行的团体性治疗,有明显的治疗效果。如果能够按照各个患者的情况开发相对应的治疗方法,如行动方法、人本主义方法、对肥胖患者体重问题的方法等同时应用的话,效果会更好。

这类治疗方案如果在一般人中实施,会在更大范围内开展服装治疗。正常人在不同状况下也会有忧郁、无力、不安的感情变化等,以及对自己身材的不满足、自信心不足等现象,可以通过服装掌握各人的问题焦点,应用服装治疗方案,预计也会取得很好的效果。

例如,与体重有关的身材不满足,会使一个人的自我概念、价值观、自尊心产生否定性的影响,会使社会生活不愉快。身材肥胖虽然不全是精神方面的,但在穿着服装时,或者想要购买服装时,与自己理想的形象不一样,心理上就会受到伤害,这种情况很多。因此,与穿着宽松舒适的服装相比,让他们穿着合体的、看上去苗条的服装使他们的外貌发生变化,可以给他们提供穿漂亮的、有风度的服装的机会,引导他们穿着符合自己期望的外貌体型的服装信息和方法,应该进行这方面的摸索。

传统习惯上,女性穿不透不露的衣服,当看见别人穿着露得"太多"时会感觉过分,有回避的趋势。回避本身会导致逐渐地对身体露出感到不安,这种情况不仅会导致功能障碍行动,还会导致对身材的否定性心理增加。此时,作为行动性的治疗方案,患者穿着牛仔裤代替宽大的裙子时,检验他们对于自己粗粗的大腿感到痛苦的程度,在治疗期间直接体验这样的难堪的情况之后,对实际生活中发生的情况就容易适应。一般人在实际生活中能够很容易地接受自己身材方面存在不足这一实事的。还有,对肥胖人身材问题开展的服装治疗的方法应该采用参与服装穿着、打扮、社会性会议等活动的行动。近年来,有采用脂肪切除等新技术,这些方法从医学的角度看存在着危险和负作用,特别是很多女性喜欢采用美容手术,其实这不是理想的方法。

治疗中,对不同症状有必要采取多种战略。对忧郁症,可以采取药物和心理治疗相结合的方法进行治疗。对社会性的畏却和孤立症状可以通过行动接触得到改善,常常通过家庭成员的积极协作得到改善,使用人为行动的接近方法,让其外貌打扮得漂亮些是有帮助的。今后,医疗、药品、精神健康、运动、舞蹈、按摩、音乐、服装以及其他学科之间应该协作发展,给患者提供越来越多的服务设施,开发出越来越多的心理治疗方法。多学科的交流,或者说在生活的各个方面都能获得幸福,相互间提供帮助的话,就会从自己的某一个领域脱离出来去思考问题。进而,从事精神健康工作的专业人员就可以全面地考虑各种可能的治疗方法及结果。通过服装使一个人的外貌形象发生变化,比仅仅用眼睛看到的和从审美角度观察到的变化有更深刻的意义,能够"矫正"患者精神上的社会现实。

我们应该理解和关心我们社会中的身体和精神方面的不幸者。他们离我们并不远,是我们的邻居、我们生活中的一部分,对他们有必要给予温暖的治疗和照顾。渐渐地对不能自治者们应该采用药物、物理、服装、香味等温馨的理解方式来直接的或间接的同时治疗,帮助他们能向正常人一样生活。

思 考 题

➢ 什么是服装治疗? 有何意义?
➢ 身材性和精神性障碍包括哪些症状?
➢ 你认为服装治疗应该如何开展?
➢ 化妆治疗方法包括哪些?

第十章　社会阶层与服装行为

第一节　社会阶层与消费行为

一、社会阶层概述

任何社会都有其社会分层结构。阶层是对人群的划分,同阶级、等级一样,不是对人群横向的划分(如对牧人、渔人、农民、工人的划分,它表现为劳动者分工,即人与某种劳动职能的固定结合关系),而是对人群纵向的划分。人群的横向划分决定着人们怎样互相交换其活动,反映着人对人的依赖关系。人群的纵向划分决定着人的高低差别,反映着人对人之间的阶层关系。

随着改革开放的不断深化和社会经济的急剧变迁,中国的社会阶层结构也随之发生了深刻的变化,有些阶层分化了,有些阶层新生了,有些阶层的社会地位提高了,有些阶层的社会地位下降了。社会分化和流动的机制变化了,社会流动普遍加快,整个社会阶层结构呈现出向多元化方向发展。各个社会阶层之间的经济、政治关系发生了并且还在继续发生各种各样的变化,正在向与现代经济结构相适应的现代社会阶层结构方向转变。阶层问题成为全社会都十分关注的问题,许多专家学者开展了深入的研究。2002 年中国社会科学院发表的《当代社会阶层研究报告》,2011 年杨继绳出版的《中国当代社会阶层分析》,2011 梁晓声出版的《中国社会各阶层分析》等文章,对当代社会阶层问题进行了较为深刻的分析。

关于社会阶层的具体定义,杨继绳《中国当代社会阶层分析》中明确指出:"社会分层是根据各种不平等现象把人们划分为若干个社会等级。社会分层假定,社会上所有的人都占有一定的资源,但其占有多少不同。用占有资源多少的不同来区分人们处于什么样的阶层。对客观存在的阶层的分析在于缓和阶层矛盾,找到协调各阶层利益的途径,从而保证社会稳定。"

二、社会阶层划分依据与方法

对阶层划分的依据：各社会阶层及地位等级群体的高低等级排列，是依据其对组织资源、经济资源、文化资源这三种资源的拥有量和其所拥有的资源的重要程度来决定的。在这三种资源中，组织资源是最具有决定性意义的资源，因为政府组织控制着整个社会中最重要的和最大量的资源；经济资源自20世纪80年代以来变得越来越重要，但它在当代中国社会中的作用并不像在资本主义社会中那么至关重要，相反，现有的社会制度和意识形态都在抑制其影响力的增长；文化(技术)资源的重要性则在近十年来上升很快，它在决定人们的社会阶层位置时的重要性并不亚于经济资源。

陆学艺《当代中国社会阶层研究报告》一书对当前社会阶层变化作了总体分析，提出了以职业分类为基础，以组织资源、经济资源、文化资源占有状况作为划分社会阶层的标准，把当今中国的社会群体划分为五大社会经济阶级和十大社会阶层，并对每个阶层的地位、特征和数量做了界定，对现有的社会阶层结构做了初步分析，指出了目前中国的社会阶层结构正在向现代社会阶层结构变化，但还只是现代社会阶层结构的雏形，并提出了相应的政策建议。

对阶层的划分，五大社会经济阶级包括社会上层、中上层、中中层、中下层、底层；十大社会阶层包括国家与社会管理者阶层、经理人员阶层、私营企业主阶层、专业技术人员阶层、办事人员阶层、个体工商户、商业服务业员工阶层、产业工人阶层、产业劳动者阶层及城乡无业、失业、半失业者阶层。

十大阶层和五大社会等级关系如图10-1所示。

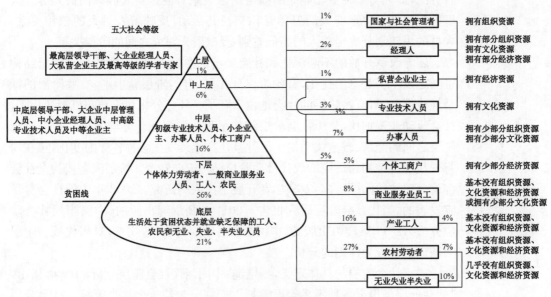

图10-1 当代中国社会阶层

杨继绳在《中国当代社会阶层分析》一书中对中国21世纪第一个10年的社会阶层作了进一步分析归纳，结果如表10-1。

社会群体	财富等级（权数 0.36）	权力等级（权数 0.38）	声望等级（权数 0.26）	加权综合等级	占全国经济活动人口的比重（%）	所属阶层
高级官员	7	10	9	8.66	1.5%	上等阶层
国家银行及国有大型事业单位负责人	8	9	8	8.38		
大公司经理	9	8	7	8.10		
大型私有企业主	10	7	6	7.82		
高级知识分子（科学家、思想界和文艺界名人）	7	6	10	7.40	3.2%	上中等阶层
中高层干部	6	8	7	7.02		
中型企业经理	7	5	7	6.24		
中型私有企业主	8	5	6	6.34		
外资企业白领雇员	9	4	6	6.32		
国家垄断行业中层企业管理人员	7	5	7	6.24	13.3%	中等阶层
一般工程技术人员和科研人员	5	5	7	5.52		
一般律师	5	6	7	5.90		
大中学教师	5	5	7	5.52		
一般文艺工作者	6	5	7	5.88		
一般新闻工作者	6	5	7	5.88		
一般机关干部	4	6	7	5.54		
一般企业中下层管理人员	4	5	5	4.64		
小型私有企业主	7	4	5	5.34		
个体工商业者	6	4	5	4.98		
生产第一线操作工人	4	2	4	3.24	68%	中下等阶层
农民务工者	3	1	3	2.24		
农民	2	1	4	2.14		
城市下岗待业人员	2	1	2	1.62	14%	下等阶层
农村困难户	1	1	1	1		

表 10-1
21 世纪第一个 10 年中国社会阶层模型表

三、社会阶层特征

1. 处于同一社会阶层的人有类似的行为

同一阶层中的人，因社会经济地位、利益、价值取向、生活背景和受教育程度相近，其生活习惯、消费水准、消费内容、兴趣和行为也相近，甚至对某些日常用品、服装品牌、专营店、闲暇活动、传播媒体等都有共同的偏好。

2. 处于同一社会阶层的各群体之间存在着差异和顺序关系

在同一社会阶层中，由于职业、收入、受教育的程度、财产与所有物、职位与权力、消费取向等方面的差异而存在顺序关系。如考尔曼（Coleman）从分析汽车和彩色电视机的市场中发现，在各社会阶层内，存在着有的人的收入比所属阶层平均收入高的现象，在达到所属阶层的居住、食品、家具、衣服等的期望或水平以后，还有很多剩余钱，考尔曼称其为各阶层的"特权过剩"部分。而相反，也存在着有的人的收入比所属阶层平均收入低的现象，较难达到所属阶层的居住、食品、家具、衣服等的期望或水平，称其为各阶层的"特权过少"部分。但人们总是希望成为所属阶层的"特权过剩"家族或者进入更高一级的阶层。被各个社会成员视为最高的、接近理想的阶层就处于社会的上层，但理想的阶层不是绝对的而是相对的。

3. 个人的社会阶层具有多种多样的基准

由于要根据职业、经济收入、家庭财产、受教育程度和自我实现等多方面的因素来划分社会阶层，所以一切社会没有划分社会阶层的共同标准。而且，随着时代的不同，划分社会阶层的标准也不同。尤其应该强调的是，无论什么社会都不存在能够一致地划分社会阶层的标准，就是说，社会阶层受到的影响因素是多维度的构成体，在某个社会环境下某个因素可以说是重要的，但不能完全用这个因素去划分社会阶层，因而个人的社会阶层具有多种多样的基准。

4. 从某一社会阶层可以向另一社会阶层移动

社会阶层是基本以职业、经济收入、家庭财产、受教育程度和自我实现等因素的复合指数来划分的，这里的每个因素的改变，都可以使社会的成员从某一个社会阶层向另一个社会阶层移动。例如，当一个人接受了高一个层次的教育，他的工作岗位就会进一步改善，工资收入大幅度增加，也就从低一级的社会阶层跨入到高一级的社会阶层。

四、不同社会阶层的消费行为特征

社会阶层与一个人的生活目标和消费类型密切相关。也就是说，一个人出生的家庭的社会阶层将决定着其个人的生活目标和消费类型。例如，家庭的社会层次越高，生活水平也越高，受教育的机会相对来说也多，确立的生活的目标也高，消费类型、消费层次也同样不同。由于服装购买、住宅购买等消费行为对一个人的社会阶层具有象征性，因此，通过不同类型的消费行为可以树立自己的自信心和形象。

1. 地位象征

一个人的社会地位是指由于其名誉、威信等原因受到他人的尊敬的程度。人们初次见面时，即使在很短的时间内也会判断对方所属的社会阶层，并依此决定对对方的不同尊敬态度。例如，坐高级车进入宾馆，接待人员马上会想到是大公司经理、高级干部、高级演艺人员等上层社会人士光临了，会主动去帮助开车门、提行李。反过来，如果乘坐一辆很差的出租车，接待人员就不一定这样，甚至会出现种种让客人不愉快的事情。这就是因为所坐的车不同。因此我们经常看到象征身份地位的手段就是买别墅或豪华住宅、坐高级车、穿名牌服装、佩戴贵重金银首饰等。

2. 夸示性消费

夸示性消费是指为了吸引他人关注的消费行为。因此,夸示性消费是指不加考虑、从经济性角度看有用性不大的经济性行为。一般来说,夸示性消费行为包括为了象征社会地位,通过物质性消费显示自己身份的潜在心理的行为,还包括夸示性休闲和夸示性浪费的行为。例如,有的公司老板为了显示自己事业很成功(实际并非如此),经常身着世界名牌服装出入高级宾馆、休闲度假村。

3. 差别性消费

不同社会阶层的住宅、日用品、闲暇时间以及时间和金钱的使用方面都存在很大差别。例如美国学者对美国的情况研究表明:

① 住宅表明了社会阶层。美国的上层社会人士主要住在郊外,住宅的大小、位置、类型、外部装饰等都随主人的社会阶层的不同而不同。

② 选择日用品的标准也随社会阶层的不同而不同。日用品的类型代表了所有者的社会威信,例如,上层社会在购买日用品时重视的是商标的知名程度和品质,中层社会则注重其是否流行时尚,下层社会重视的是功能和实用性。

③ 闲暇时间如何消费是象征性的文化行动。不同社会阶层下班以后时间的消费方式是明显不同的。劳动阶层下班后的时间主要是做家务、看电视、打牌、串亲戚、看朋友,而不是去看电影、听音乐会和去旅行。

④ 不同的社会阶层把自己的时间和金钱奉献给他人(教育机构、医院、博物馆、地区社会)的方法不同。上层社会和中层社会的男人尽管很忙,但也会参与广泛的自发性组织,他们的妻子也会积极参与地区性社会组织。

第二节　社会阶层与服装行为

社会阶层的划分依据主要以职业为基础,并综合考虑了人们的组织资源、经济资源和文化资源占有状况。处在不同社会阶层的人们因其拥有不同的资源会追求不同的生活方式,追求不同的着装方式。如上等阶层的群体因其特殊的身份和经济实力会关注高级定制服装,中上等和中等阶层(通常人们称之为白领)群体因具有较高的受教育水平、较好的经济实力、较体面的工作性质而对着装打扮得体尤为重视,而中下等阶层和下等阶层群体因经济压力、工作环境、工作性质使之更重视着装的实用性和经济性。本节通过部分研究案例,讨论处于不同收入社会阶层、白领阶层和大学生们对着装需求的差异性。

一、不同收入社会阶层服装行为特征

不同社会阶层的人们的服装行为也有各自的特征,不同收入社会阶层的服装行为特征如下。

1. 高收入阶层

高收入阶层主要是由外商投资企业的经理及高级管理人员、归国人员、演员和私营企业主等构成。这个阶层的消费者一般受教育程度相对较高,经济收入颇丰,这就导致了其区别于普通消费者的欣赏品味、独具个性的风格和服装消费的理念。他们在购买服装时,崇尚的是高档,讲究的是名牌,对服装的价格不在意,经常光顾高档专卖店、高档精品店,身着品牌时装以显示自身的经济实力和地位,对购物环境和服务很注意,他们在整个服装消费群体中所占比例极小。

2. 较高收入阶层

较高收入阶层是由外商投资企业中层管理人员、效益良好的民营企业管理人员和部分知识分子等构成。这个阶层的家庭中有较多的存款,日常开支较宽裕,购买服装时既讲究时尚,又讲究实用,对价格有所在意,并不是所有的服装都追求品牌,高档专卖店、高档精品店会偶尔光顾。

3. 中等收入阶层

中等收入阶层一般由经营状况良好的企业职工、国家公务员、教师和农村富裕家庭等构成。这个阶层的消费者家中略有积蓄,购买服装时追求物美价廉,不讲究品牌,对服装的功能、质量要求较高,同时对价格敏感,大多光顾大众商场或有折扣的专营店。

4. 低收入阶层

低收入阶层是由经营状况不佳的公司职工、下岗职工、多子女家庭、城市和农村的贫困家庭等构成。这个阶层的消费者家庭中几乎没有存款,家庭收入只够维持日常生活,没有多余的钱用于购买较高档次的服装,对服装的款式、色彩没有条件挑剔,把便宜、实用作为购买服装的标准,经常在服装批发市场、地摊儿选购所需服装。

社会学家总结了美国6种主要社会阶层的特征,她们对服装的选择特征如下:

上上层(不到1‰)继承了大量遗产,是出身显赫的达官贵人,她们不喜欢炫耀自己,因此在选择服饰方面常常是比较保守的。

上下层(2%左右)的人能力超群,拥有高薪和大量财产,其中有些是暴发户。为了炫耀自己的社会地位,他们在着装上喜欢穿着世界顶级名牌服装,并期望借助于高档服装和金银首饰提高自己的社会地位。

中上层(占12%)没有高贵的家庭出身和财产,关心的是"职业前途",注重教育,善于构思和接触"高级文化",因而追求服装品质优良、体现个性。

中下层(占30%)主要包括白领、灰领和高级蓝领,他们追求体面,喜欢清洁漂亮,喜欢整洁素雅的服饰,不喜欢花哨。

下上层(占30%)主要包括技术工或半技术工的蓝领阶层,主要追求的是安全,喜欢粗犷、简洁、牢固的服装。

下下层(占20%)是社会的最低层,包括那些受教育程度极低、无技能的劳动者,他们购买服装时只求数量,不考虑质量。

二、白领阶层职场着装心理需求

随着社会的进步,不同职业场合穿着与之相适应的服装成为人们的共识。

如警察上岗要穿警服,体现了该职业的严肃性;医生给病人看病时着装的整洁与否会影响病人对其的信任程度;穿着高档名牌服装的商业人士会给人们留下成功人士的印象。可见职场着装给人留下的印象极为重要。

近年来经济的迅速发展,网络信息的快速传播,使得职场人士有了更多的追求着装打扮的经济实力和学习交流渠道,职场着装逐渐从追求实用和标志性功能转向开始追求审美功能。

1. 求美、求同、求异需求

李丽(2011,西南大学硕士论文)对白领阶层职场着装时尚需求研究中,对广州市白领阶层进行抽样调查结果表明:白领阶层的职场着装时尚需求具有多层次多维度的心理学结构。按动机的不同职场着装时尚需求分为求异、求同和求美三个维度。求异维度包括标新立异和自我表达两个维度,求同维度包括合理性需求和模仿从众需求两个维度,审美维度包括服装审美和协调审美两个维度。被调查者对职场着装需求三个维度的需求强度顺序首先是求美,然后是求同,再次是求异。可见审美功能已经成为职场着装需求的首要功能。

李丽在研究中,进一步研究了不同群体对职场着装需求的差异性。女性对职场着装时尚的求美、求同和求异需求均高于男性,女人更爱美,职场也同样;各个年龄段的白领阶层有着共同的求美、求同和求异心理需求,即没有年龄差异,职场白领阶层都需要美、同和差异性;不同职位的白领职场阶层求美、求同和求异的需求程度是不一样的,相比之下,市场和营销人员因为他们的职业常常是要与人沟通交往,求美、求同、求异的心理诉求更高;不同学历的职场白领阶层的职场着装时尚需求是:大专及以下>本科>研究生,表明职场工作中,学历低者需要通过着装来提升自己的心理诉求更强烈;收入高的职场白领阶层求美需求更强,并且随着着装支出能力提高,求美、求同、求异的心理诉求也随之增大。

2. 对职业女西装廓型、领型偏好感研究案例

在西方社会,西装作为职业装穿着已经有了很长一段历史,但一直都指男士服装,直到二战后,从事社会工作的女性增多,工作的需要和社会心理的需求使女性职业套装从借鉴男性职业套装的设计开始,女西装应运而生,它保留了西装的基本特征,并综合考虑了女性身材的特点。女西装如同女性的其他服装品类一样,随时尚潮流不断变化。尤其是在20世纪70年代末期到80年代初期,从事社会工作的职业妇女渴望像男性一样获得社会对其工作能力和地位的认可,首先在着装上入手,使得女西装在这个时期得到了飞速的发展,成为女性服装中的一个重要的服装品类。女西装在设计和穿着上不像男西装那样有较为固定的程式和规范,而是随不同时期的流行趋势和穿着者的层次有较大的变化,形成了多种具有明显特色的设计风格。

廓型是女西装造型的重要部分,女西装常见的廓型有H型、X型、A型、T型。H型、X型、A型、T型的女西装廓型实际就是相同廓型要素极端变化后的组合,实际生活中,女西装廓型很多情况下不一定是典型的H型或者X型,

有可能介于两种典型廓型之间。

服装审美知觉中廓型美是重要的组成部分。人们通过服装外部廓型展现出来的自我形象具有典型性和代表性，影响甚至于决定着他人的审美意识。

秦芳(2013，苏州大学博士论文)对女西装廓型偏好感研究结果表明，腰身放松量和衣长变化是女西装职业感和偏好感构成的主要要素，职业女性普遍喜欢合体、长度适中偏短廓型的西装。

随着现代女西装越来越趋向于休闲随意，西装的领型也出现了丰富多彩的变化，但使用最为广泛的还是经典的八字领，尤其是在正式的商务场合，我们称之为西装领。西装领属于翻领，其结构是由驳领和翻领共同构成的，固有翻驳领的说法。同样款式的女西装搭配不同样式翻驳领，整体造型给人的视觉美感也不同。

图10-2 最受欢迎的翻驳领女西装

陈婷(2013，苏州大学硕士论文)基于认知心理的最优翻驳领女西装研究结果表明，领深、串口线位置和领宽三要素对领型喜好感的影响均很重要，最受欢迎的女西装翻驳领如图10-2所示。

三、大学生着装心理需求

1. 求前卫、求个性、求性价比高

对当代大学生的消费观念、消费行为、消费结构的现状进行研究发现，他们的消费观念呈现以下特点：传统与前卫并存；多样化与个性化交织；冲动与理性交融。为了对大学生市场消费群体进行精确地测量、定位和细分，很多学者都从不同的角度进行了研究。综合专家们的研究成果，大学生的服装消费心理需求特征表现为：

① 服装消费比较理性，在消费中很关注服装的价格，而且消费上有一定的从众心理；

② 不盲目追求流行趋势，喜欢突现个性化的服装；

③ 服装消费观念和消费能力上存在矛盾，当超前的消费观念需要付出大的代价时，其消费转而变成理性消费。

下面是以苏州高校大学生为对象开展的男女大学生的服装消费行为研究结果。调查从价值观、服装消费观念、服装消费态度等8个方面调查分析了大学生的服装消费行为差异。

2. 大学生服装消费观念因子构成

消费观念是人们对待其可支配收入的指导思想和态度以及对商品价值追求的取向，是消费者主体在进行或准备进行消费活动时对消费对象、消费行为方式、消费过程、消费趋势的总体认识评价与价值判断。而服装消费观

念直接影响着消费者的服装消费行为，包括品牌喜好、场所要求、消费方式等。

大学生服装消费观念因子构成如表 10-2。

表 10-2
大学生服装消费
观念因子构成

因子名称	问项内容
魅力因子	喜欢性感、带有魅力的着装 有魅力的服装即使有些暴露也会穿 经常思考对异性来说有魅力的着装 喜欢不断有新变化的着装
刺激因子	会选择使自己产生自信感的服装 能够刺激兴趣的服装可以改变我的心情 不喜欢落伍的服装
流行因子	买服装时会注意流行 注意周围人对我服装的评价
个性因子	即使没有得到好评也要穿自己喜欢的衣服 服装的可用度比价格更重要 如果可以带来兴趣和快乐，什么款式都可以穿 不穿不方便和带有装饰的服装 着装可以体现我的价值观
风格因子	即使再漂亮，不适合自己风格也不会买 不买不符合自己性格的服装款式
休闲因子	购买服装时会考虑适合日常生活 主要穿活动方便的款式
经济因子	只要款式满意即使有些不舒服也会买 主要买打折的服装 服装可以体现我的生活水准 尽量购买可以在家洗涤的服装
理性因子	即使喜欢的服装不好整理就不买 比起一两件贵的不如购买多件便宜的

由表 10-2 看出，大学生的服装消费观念可归纳为 8 个因子，按其重要顺序排列，排在前四位的有魅力因子、刺激因子、流行因子和个性因子，表明大学生们对服装消费首先看重的是感性、个性和流行性，而非传统的理性，这种观念代表了这一代人的消费观。

3. 大学生服装消费态度因子构成

大学生服装消费态度因子构成如表 10-3。

表 10-3
大学生服装消费
态度因子构成

因子名称	问项内容
象征因子	喜欢穿华丽漂亮的衣服 穿着漂亮是富有的象征 看见喜欢的服装就买 服装代表一个人的社会身份 常买减价处理的服装

续 表

因子名称	问项内容
靓丽因子	喜欢穿能够提高自己品味的服装 喜欢穿看上去有魅力的服装 喜欢穿流行时装 喜欢穿和别人不一样的服装
成熟因子	着装体现一个人的文化修养水平 很注意自己的穿着得当、合体、与众不同 穿名牌服装会产生自信感
传统因子	喜欢穿别人看上去顺眼的服装 喜欢穿洗起来方便又不用熨烫的服装

由表 10-3 看出,大学生的服装消费态度可归纳为 4 个因子,按其重要顺序排列,分别为象征因子、靓丽因子、成熟因子和传统因子。这说明,现在年轻大学生在选择服装时,更多的是注重其象征意义,注重社会的认同和地位的体现。

4. 大学生服装购买动机因子构成

服装购买动机是对服装的内心需要,是产生服装消费行为的必然要求。大学生对服装购买动机因子构成如表 10-4。

表 10-4
服装购买动机
因子构成

因子名称	问项内容
流行因子	为了赶时尚买时髦的服装 为了从穿着上表现自我个性 看到卖场展示的服装一时冲动 明星或电视剧效应 为了提高个人魅力 为了与朋友和周围人的服装相协调
经济因子	自己有额外收入 有服装减价处理 为了减压或调节心情
节俭因子	因为衣服旧了 因为朋友或服装售货员的意见 服装换季
务实因子	没有正式场合穿的衣服 为了与已有服装搭配

由表 10-4 看出,大学生的服装购买动机可归纳为 4 个因子,按其重要顺序排列,分别为流行因子、经济因子、节俭因子和务实因子。这说明,大学生服装购买动机很大程度是受流行的驱动和影响,而非过去纯粹的务实。

5. 大学生服装挑选标准因子构成

消费者的服装挑选标准是商家开发设计产品时的重要参考,它体现了消费者对服装的需求。大学生对服装挑选标准因子构成如表 10-5。

表 10-5
服装挑选标准
因子构成

因子名称	问项内容
时尚因子	款式 与已有服装搭配 设计及风格 与自我形象的适合性
便利因子	售后服务 洗涤及管理的方便性 品牌知名度 穿着舒适性
实用因子	颜色 品质 价格

　　由表 10-5 看出,大学生的服装挑选标准可归纳为 3 个因子,按其重要顺序排列为:时尚因子、便利因子和实用因子。这说明消费者在挑选服装时,标准亦是由他们的消费观念、购买动机所决定的。

　　6. 服装购买信息来源因子构成

　　当今社会是一个高速发达的信息时代,大学生的信息来源更是多种多样,对服装购买信息来源因子构成如表 10-6。

表 10-6
服装购买信息
来源因子
构成

因子名称	问项内容
媒体信息	电影、电视、广告 报纸或杂志 网络
场景信息	商品目录手册 服装秀 外置广告及地铁或公交车广告
人际信息	卖场或橱窗展示 朋友或家人的意见 营业员介绍 观察他人的服装

　　由表 10-6 看出,调查对象购买信息来源可归纳为 3 个因子,按其重要顺序排列为:媒体信息、场景信息和人际信息。媒体对于大学生来说是最主要的信息来源,也完全符合这一群体的身份,他们接触更多的是网络、报纸杂志、影视等。

　　7. 服装购买场所因子构成

　　对服装购买场所因子构成如表 10-7。

因子名称	问项内容
传统方式	自由市场 大卖场和仓储式超市 多品目商店 街边小店 服装批发市场 购物中心 常设打折店
现代方式	品牌专卖店 综合百货商场 网上购物、电视购物、邮购

表 10-7
服装购买场
所因子构成

由表 10-7 看出，调查对象的服装购买场所可归纳为 2 个因子，按其重要顺序为传统方式和现代方式。而传统方式占很大比例，这说明，大学生在选择服装时，虽然眼光高，要求高，但毕竟经济能力还很有限。

8. 男女大学生服装消费行为差异

（1）服装消费水平差异

男女生月服装消费大多在 200 元以下，女生略高于男生，但总体服装消费水平没有显著区别。

（2）服装消费观念差异

服装消费观念方面，男生受社会压力影响，在意社会地位、社会形象，渴望成功，他们在选择服装时更注重魅力、个性、象征性；而女生则不然，他们自由自在，追寻刺激、流行、靓丽和时尚。

（3）服装消费行为差异

在服装消费的时候，他们都注重经济、节俭、实用、方便等，但女生更加时尚、务实，而男生则深受消费观念影响，追求一种外在和抽象。

第三节　服装需求与消费行为

消费者的需要、动机和消费行为的关系，是消费心理学研究的一个核心课题。人们对服装的选择、服装的穿着行为和服装消费量的多寡都与其需要、动机有关。人们不仅通过服装来满足自身的基本的生理需要，而且还通过服装表达个人的归属、自尊的愿望，服装的选择和消费反映了一个人对穿着打扮的态度及对服装的偏好和关心程度。

一、需要、动机与服装行为

1. 需要的概念及其分类

（1）需要的概念

马克思在《德意志意识形态》一书中这样论述到，"每个人都根据需要和为了这种需要的满足而行动""需要和生产方式决定人们之间的物质联系,这种联系不断采取新的形式而形成历史"。从马克思的理论中我们可以懂得,人类不断产生的需要和为这种需要采取的行动,并由行动创造的物质联系和生产方式是推动历史前进的动力。

需要是个体缺乏某种东西时产生的一种主观状态,它实质上是人们客观需求的主观反映。需要作为客观需求的反映,这种反映并不是消极、被动的,而是一个积极、主动的过程,是人们行动的积极性的源泉。

（2）需要的分类

人类的需要是多种多样的,并且是无止境的。从不同的角度,根据不同的方法和标准可把需要分为不同的种类:

① 按照需要的起源可分为自然需要和社会需要。自然需要也称为生理需要或初级需要。自然需要是人类与生俱来的生理需要,这种需要是人类维持生存和发展所必须的客观生理需求的主观反映,自然需要通常是通过利用一定的对象或获得一定的生活条件而得到满足的。自然需要是人和动物均共有的,但两者却存在着本质上的区别,人类的需要还受社会生产、社会生活条件的共同制约。如人类为了生存需要食物、水、空气、适宜的温度和其他生态条件,穿着服装保护身体不受伤害和维持正常体温,这些都反映了人的正常的生理上的需要。

社会需要也称高级需要。社会需要是人类在社会历史发展进程中,在自然需要的基础上所发展和形成的,它反映了人对社会生活的要求,也表达了个体在社会中期望发展、获得承认的愿望。如劳动创造的需要、交往的需要、成就的需要、社会赞赏的需要、文化艺术的需要、道德的需要等,这些需要实质上是人类为了维持社会生活,进行各种消费活动,开展生产、处理各种人际关系和社会交往的过程中逐步形成和不断发展起来的。服装就是人们常常借助的道具之一,用其来满足特定的赞赏、归属的需要。社会需要是受历史条件、社会政治制度、民族文化、风俗习惯和社会道德规范等因素制约,并随着社会的发展而不断地深化和提高的。

② 按照指定的对象可分为物质需要和精神需要。物质需要是人们生存的基础,人通过物质产品的占有和使用而获得满足。物资需要既包括对自然界的天然物质的需要,又包括对社会生产的文化用品及艺术用品的需要。物质需要随着文化、科学技术的不断进步和社会生产力的高度发展而日益广泛地更新发展。

精神需要是人特有的需要,人通过对社会意识形态产品获取和欣赏而得到满足。精神需要是对智力、道德、审美等方面逐步完善和发展的需要,是人们在社会群体中交流思想、沟通感情和不断学习发展的需要。随着社会的进步和经济的发展,人类的精神需要也同样会不断增添新的内容。

物质需要与精神需要密切相关,作为表现的对象本身,往往她能同时满足人们的以上两种需要。比如人们在购置一件喜爱的服装时,不仅获得物质需要的满足,同时也获得精神需要的满足。

（3）马斯洛的需要层次论

马斯洛（A. H. Maslow,1908～1970）的需要层次论是其在《人类激励的一种理论》一文中提出的,这一理论对心理学的贡献是具有里程碑意义的。人类的需要尽管是多种多样的,但他把人的需要看作多层次的组织系统,这些需要是互相联系的,是按顺序由低级向高级逐级形成和实现的。马斯洛认为人的需要可以分为 5 个层次（图 10-3）。

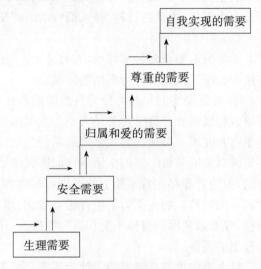

图 10-3　马斯洛的 5 个需求层次

① 生理需要：维持个体生存和群体发展的一种基本需要,如对食物、水、空气、温度、性等的需要。马斯洛认为生理需要是所有需要中应最先满足的需要。

② 安全需要：在生理需要获得了相对的满足后,就会出现安全需要,表现为人希望生活在一个安全的、有秩序的环境中,有稳定的生活和工作保障。安全需要如果得不到满足,人就会产生威胁感和恐惧感。

③ 归属和爱的需要：假如一个人的生理需要和安全需要都很好地满足了,就会产生爱、感情和归属的需要。表现为人们希望在群体中情感融洽或保持友谊与忠诚,渴望得到爱情,希望归属于一个群体,成为其中一员。

④ 尊重的需要：人都有自尊和希望获得他人尊重的需要,希望个人能力和成就得到社会的认可。尊重的需要得到满足,可以增强自信心和自我概念。

⑤ 自我实现的需要：当上述几种需要基本满足后,人们便会产生自我实现的需要,表现为希望最大限度的发挥自己能力的需要或潜能的愿望,希望实现自己的理想和抱负。

上述 5 类需要分为高低两级,生理需要、安全需要、爱和归属需要属于低级需要,这些需要通过外部条件可得到满足;尊重的需要、自我实现的需要属于高级需要,它主要从内部得到满足,而这两种需要是永远也不会感到完全满足的。

需要层次论认为,人的需要是从低级到高级的层次顺次形成的。只有当低层次的需要得到满足后,较高层次的需要才会出现。人在生理需要得到满足后,才可能去寻求安全的保障,也只有基本的安全需要满足后,爱的需要才可能出现,需要层次论的最高境界是自我实现的需要。需要层次的演进是波浪式的,当较低一级的需要基本满足后,较高一级的需要便会发生作用。

需要层次论在历史上第一次把人的需要按低级向高级发展划分为五大类,形成一个顺序的、层次性的过程,符合人类需要的发展的规律。需要层次理论具有现实的实践意义,它揭示了当今服装消费者对服装的真正需要已不仅停留在其服用的基本功能上,而更多地包含了文化、社会、心理和表现自我等复杂而丰富的内涵;同时也揭示了服装消费者需要的层次性,为服装营销的目标市场确定提出了理论上的依据,使服装企业的经营者和服装设计师了解哪些款式、面料、颜色、工艺和数量的服装适合哪些潜在的消费者的需要水准。

（4）服装消费需要的特征

人类的需要是多种多样的,并具有层次性和发展性,但人的需要总是具有特定的内容,通常要具体指明对于某种东西、某种条件或活动的某些结果的需要,需要的具体内容表明需要的性质。服装消费需要是指消费者在一定的社会经济条件下,为了自身的生存和发展而对服装产品或服务的需要和欲望。服装消费者形成了独特的服装消费需要特征,在此我们重点讨论服装消费者需要的特征：

① 服装消费需要的流行性。服装的流行具有时间性,服装消费者接受的时间就是服装款式的流行时间。服装消费需要的流行性,并不意味着所有的消费者或者大部分消费者的认可,某一款式常常只能为某一目标群体的人所认可,但它仍可以被确定是流行的。服装消费需要通过流行来体现出时代的特征,例如,20 世纪 70 年代流行的喇叭裤;90 年代后期至今在年轻女性中始终流行的吊带裙和近年配合高弹面料的紧身"欧板"裤等。

② 服装消费需要的多样性。由于服装消费者的爱好、性格、年龄、收入水平、职业、文化修养和民族等因素具有差异性,即使是同一社会阶层的消费者,对服装的选择也不一样。同一年龄段的消费者,对服装的款式、色彩的偏好也不尽相同。服装消费需要的多样性,导致了在服装营销策略上要作出快速反应,在服装设计和生产上要小批量、多品种。而随着社会和科学技术的进步,观念的更新,经济收入的增长,消费者需要的多样性也将越来越明显。

③ 服装消费需要的发展周期性。服装消费需要具有发展周期性,每经历一段时间后,服装消费需要有周期性重复。例如,我国妇女穿的旗袍,是我国 20 世纪 20～30 年代的流行款式,沉默了若干年之后,又重新出现在服装消费舞台上,还有像喇叭裤、筒裤、高领毛衣、中式服装等。但这种周期性的服装消费需要并不是简单意义上的单纯的重复,而是随着纺织、服装工业的生产技术和产品的更新有新的内容,像旗袍的面料更丰富、款式更能表现人体的曲线美、衩也开得较高。因而服装消费需要随着社会的发展像螺旋线一样,呈现出发展周期性。

④ 服装消费者需要的层次性。服装的消费者是由社会各阶层人士组成

的,由于各阶层的经济收入、职业、审美观念存在着差异,在服装的消费需要上必然存在层次性。例如,外企"白领"同普通工人相比,对服装的选择在款式、色彩、图案、面料质地和价位等方面会有不同的要求,相对贫困的人选择服装的需要停留在低级需要的层次,而"白领"们选择服装的需要已达到高级需要的层次。同时我们必须明白,服装消费需要存在着这样一个共性,就是随着生活水平的提高,各阶层的消费需要同样会不断从低层次向高层次过渡和发展。

⑤ 服装消费需要的伸缩性。服装消费需要的伸缩性是指消费需要在受到内因和外因的作用时所产生伸缩的程度。消费者的购买欲望、购买能力等因素是消费需要的内因,服装的款式、色彩、面料、价格等因素是消费需要的外因。这两个因素促使消费者的需要产生弹性变化,既能加快消费者的购买速度,又能抑制消费者的购买行为。服装是一个选择性很强的消费品,消费需要的伸缩性较大,往往服装消费需要会随服装价格的高低而转移,随购买力水平的变化而变化。

⑥ 服装消费需要的可诱变性。服装消费需要的内因通常会在外因的作用下发生变化,这说明服装消费需要具有可诱变性。服装企业通过各种促销手段和方法来刺激、诱导顾客,使消费需要和消费行为发生变化。如服装企业利用电视广告、杂志广告、路牌广告、品牌形象代言人等媒介进行促销,帮助消费者认识品牌,了解企业文化,引导消费者购买,把潜在的市场需要变为现实的市场需要。

⑦ 服装消费需要的互补性和交替性。人们经常看到某种服装的销量减少而另一种服装销量在增加,这就是服装消费需要的互补性和交替性。例如,长裙流行会影响短裙销量;全棉布料服装生产的增长会使化纤面料的服装相对地减少;时尚的九分裤的流行会降低消费者对西裤的需要。因而服装企业应了解服装需要的互补性和交替性的规律,及时根据市场变化趋势,有计划的生产适销对路的服装。

2. 动机的概念及其特征

(1) 动机的概念和特征

动机是指引起和维持个体的活动,并使活动朝向某一目标的内部心理过程或内部动力。动机是推动人们去从事某种活动、达到某种目标、并指引活动去满足需要的目标的活动动力,是人们从事某种行为的内部驱动力。人们每时每刻都存在一些需要或欲望,被激发到一定的强度时,动机便产生了。动机引导人们去寻求能满足需要或欲望的目标物或从事满足需要或欲望的特定活动。

动机具有以下特征:

① 起动性:动机对人的行为具有发动的作用,像每年的换季时节,人们会主动地到服装店去选购服装;希望他人赞赏的人也许会在出席重要宴会前刻意修饰打扮。

② 指向性:动机不仅发动行为,同时也将行为引向具体的目标物或具体的活动。受成就欲望的驱使,人们会积极工作,力争得到上级领导的赞许;参

加运动和旅游,人们会选择舒适的运动装。

③ 强度和持久性。动机对行为的强度也起着决定作用,人们在某项活动上的持续时间也与动机相关。当某一个服装品牌宣传达到"家喻户晓"的地步,人们想拥有的欲望就越强烈,而消费群体也会扩大。服装企业家为了成功和追求成就,会为自己目标持续工作几年至更长。

(2)动机的分类

由于人的需要是多种多样,一种活动并非就是一种动机形成的,可能是许多个动机在起作用,也就是说,因为人的需要而产生的动机是极其复杂的,因而动机的分类方式很多。

① 主导动机和辅助动机。根据动机在消费者行为活动中的作用,动机可分为主导动机和辅助动机两大类。主导动机是指决定着消费者主要行动方向的动机;而辅助动机是指在消费者达到行动目标、满足需要的过程中起辅助作用的动机。例如,一位运动爱好者想选购一套运动服参加比赛,选购运动服是服装消费行为的主导动机,而其他同事建议他购置某一个品牌的运动服,说这个品牌色彩、款式和制作工艺很适合他,能使他增加比赛获奖信心,这位运动者采纳了此项建议而购置了该品牌运动服,购置品牌运动服的动机就是满足运动服购置需要过程中的辅助动机。

② 本能的动机、心理分析的动机和社会动机。根据动机的性质来分类,有本能的动机、心理分析的动机和社会动机。

消费者为了维持和延续生命的这种生理本能引起的动机叫做本能的动机,包括维持生命的动机、保护生命的动机、延续生命的动机和发展生命的动机。通常意义上的单纯的本能动机驱使下的服装消费行为,一般是选购日常生活必不可少的服饰,这种动机作用下的服装消费行为一定是经常性的、重复性的和习惯性的。

由消费者的认识、情感和意志等心理活动过程而引起的行为动机称为心理分析的动机,它包括情绪动机、情感动机、理智动机和惠顾动机。情绪动机是由人的喜欢、快乐、舒适、好奇、好胜和嫉妒等情绪引起的动机,这类动机很容易受外界因素的影响,具有不稳定性、冲动性和易引导性,是服装企业营销策略确定应考虑的。情感动机是由道德观、群体感和美感等消费者的高级情感所引起的动机,像为了友谊而购置服装或服饰品送人;为参加朋友的婚礼而购置礼服等。有这种动机的消费者一般有较大的稳定性和深刻性。

消费者要通过对所需的商品认识并分析和比较之后才产生的动机称为理智动机,在理智动机的驱使下形成的服装消费行为,都比较注重服装的品质,讲究服装的实用、价格相宜、设计科学和工艺精致,并在意在消费行为中受到的辅助性服务的优劣。

根据服装消费者的感情和理智的经验,对特定的服装品牌产生特殊的信任和偏爱而产生的动机称为惠顾动机。使消费者产生这种动机的原因有服装商店地点的便利,服务项目的齐备周到,购物环境的优良,服装产品的目标定位的准确、规格的齐全和价格合理等。具有惠顾动机的消费者是服装企业的最忠实的支持者，他们是经常的消费对象，又是社会群体影响的宣传者，一个服装企业在营销的策略中一定不可忽视消费者的这种惠顾动机。

消费者都在一定的社会群体中生活，并在社会的教育影响下发展，而消费者在社会群体中受其影响产生的动机就是社会动机。社会动机主要来源于社会群体生活的各种因素。

根据动机与活动目标的关系，还可以把动机分为近期动机和长远动机。

（3）服装消费者的购买动机分析

服装消费者购买动机，是指消费者为满足自己一定的需要而引起购买行为的愿望或意念，它是引起消费者购买某一服装产品或服务的内在动力。由于消费者的生理需要和心理需要的密切联系，这些需要又复杂多样，因而导致他们购买活动往往不单纯是为适应一种购买动机，更多的是适应多种相互关联并同时起作用的购买动机。例如，消费者购买服装除了保暖外，还追求服装的美感与个性化等特点。

在多种交织着起作用的购买动机当中，有的是主导购买动机，有的是辅助购买动机；有的是明显清晰的购买动机，有的是隐蔽模糊的购买动机；有的是稳定的、理智的购买动机，有的是即变的、冲动性的购买动机；有的是普遍性的购买动机，有的是个别性的购买动机。在此我们按以下的分类来讨论服装消费者的购买动机：

①求廉动机。消费者在购买服装时比较注重服装的价格，极少考虑服装的流行趋势及时尚性，这种动机往往出现在只具备低级需要的低收入阶层的服装消费者中，他们从经济的角度出发，更多关注服装的实用性和服装的价格。

②求实动机。以价廉物美为中心，非常注重服装的款式与价格，更多考虑服装的实用性及穿着效果。

③求新动机。追求服装款式、品种、花色、面料和规格的新颖，紧跟时尚，具有追求服装流行的特点。

④求异动机。社会这个群体中，在人的低级需要得到基本满足后，就有人追求服装的与众不同，体现个性化和表现自我，这些人既把握服装的流行变化，又讲究服装的独特性，在社会群体中表现自己的"标新立异"。

⑤求名动机。追求服装的品牌，以显示个人的社会角色、经济实力、身份地位，为求得心理需要的满足，可一掷千金，我国目前的"小资"（指收入较高的白领或金领层阶）阶层服装的消费就是这个动机。

⑥求美动机：追求服装的审美艺术价值，注重服装的造型、穿着人体后的艺术效果以及由此所表现的美的艺术境界。这种求美的动机也很广泛，如有的追求服装展示人体的曲线美；有的追求服装"标新"的款式美；有的追求服装展示身份高贵的价值美等。

服装设计者或企业研究消费者的需要动机，对研究、分析、掌握消费者的需求心理与服装消费行为具有一定的价值。

3. 需要、动机与服装行为的关系

需要是人的动机和一切行为的基础。一般地说,当人们产生某一种需要而此种需要又没有得到满足时,它就会产生一种不安和紧张的心理状态,推动人们去寻找能满足需要的对象,从而产生消费活动的动机。动机推动人们去从事某种消费活动,向既定的目标接近,产生消费行为,在目标达到后,需要就得到满足,紧张的心理状态就消除了,但同时人们又产生了新的需要……这样循环往复,使人的需要在不断的追求和不断的社会活动中得到满足,见图 10-4。

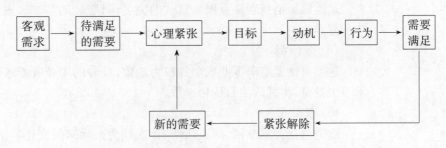

图 10-4 需要、动机与服装行为的关系

在实际服装消费活动中,由于人的需要的多样性,所以就同时存在多种不同的动机,而且这些动机的强弱也各不相同,人们服装消费行为一般由这些各种各样的动机所构成的动机体系中最强烈的动机决定。动机和行为的关系有时是简单明了的,有时却是错综复杂的。如两件在款式、做工、用料上几乎相同的服装,其中一件标有较高的价格,但仍然有一些人乐意购买,究其需要和动机,知道这是一件名牌服装,它有助于使消费者获得社会群体对着装者的尊重,而且还可以此来显示其经济能力、社会身份和其他的一些特征。这就是说,人的某一服装消费行为可能是由许多不同的内在动机引起的。同样,出于相同的动机,也可导致不同种类的行为。

动机不仅与需要有关,还会受到能够满足这一需要的外部诱因的影响,人的某些潜在的需要可能受到特定情景或刺激物的作用而增强。新潮独特的时装可以激起人的表现欲望而去消费;品牌服装的"打折"可能会鼓动出暂时不想购置服装的人们的购买欲望,使其产生服装消费行为。需要是内在的、隐蔽的,是服装消费行为的内部因素,诱因是与需要相联系的外部刺激,它吸引人产生服装消费动机,从而形成服装消费行为,导致人对服装需要的满足。

二、服装消费行为分析

1. 服装消费者的类型

消费者对服装最基本的需求与舒适、经济、审美及自我实现有关。这些需求是积极的、普遍的,并且贯穿于不同的教育背景、经济地位和其他不同的变量中。消费者能够而且愿意花费多少钱来购买服装,不仅取决于价格和收入等经济因素,而且还取决于政治、社会、文化等诸多非经济因素。根据对服装的价值观和需求的差异,可以把消费者分为 6 种类型。

（1）理论型

这类消费者求知欲强,喜欢看一些服装杂志和服装流行预报等,对服装的流行等一些常识性的知识比较了解,特别注重服装的舒适性。

（2）经济型

这类消费者注重商品的使用性能,认为穿着流行一时的服装是一种浪费,一般选择耐穿而且物有所值的服装。

（3）审美型

这类服装消费者注重服装款式的完美,对服装的装饰表现有比较高的趣味和修养。

（4）政治型

这类消费者追求事业成功和权力地位,穿着的服装既要求符合时尚又要求不失身份,与其政治目标相一致。

（5）社交型

这类消费者重友情、待人热情,喜欢社会人际间的交往和活动,在交流中注重服饰打扮,爱听他人的评价和紧跟流行等。

（6）宗教型

这类消费者笃信某一宗教或哲学,其服饰往往较为保守和朴素。

一个人往往同时具有以上两种或多种价值观,从而构成一个影响服装消费行为的价值观系统。例如,一个兼具经济型和宗教型消费价值观的消费者,往往会穿得整洁朴素,摒弃一切奢侈品和化妆品,一般不喜欢身体过分暴露等。

一个成功的服装企业营销者应深入了解消费者的不同需求,掌握消费者各种心理活动的规律,预测服装的消费趋向,为制定服装营销策略和生产经营服务。

2. 影响服装消费行为的因素

服装消费行为是一组复杂因素的综合影响后的产物,这些因素相互依存、相互影响。服装企业通过对服装消费心理和购买行为的客观分析,可以更加深入了解消费趋向,把握消费者的消费活动的规律,更好的开发新产品和组织成衣生产,有效的占领市场,满足消费者需求,为制定服装营销策略提供可靠的依据。

影响服装消费行为的因素如图 10-5 所示。

服装是一个涉及面广而特殊的商品,除了社会文化和个人的因素外,影响服装消费行为的因素还有服装的设计生产与营销、服装的流行和时尚等。

（1）服装的时尚和流行

传统概念的时尚是指在当前某区域内被数量可观的人群所接受的生活风尚,如时装风格。从服装消费行为和服装营销的角度来讲,时尚也就代表着流行。他代表了某种生活格调,是众多人互相影响并迅速普及的结果,由此引起人们的注意和兴趣,并提高和影响到社会的各个方面。服装的流行和时尚可以满足消费者个人被社会认同的要求,时尚也能保持或增加个人

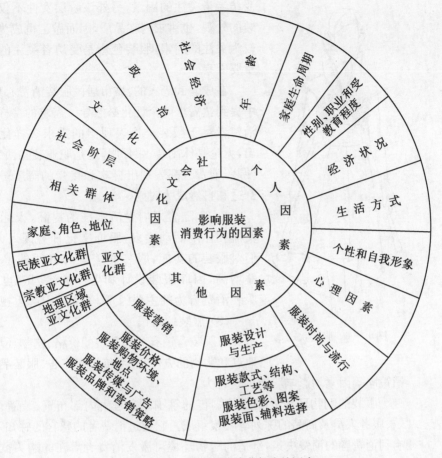

图 10－5　影响服装消费行为的因素

安全感。大多数消费者不愿意冒风险去穿未流行的服装，他们缺乏"领导服装潮流"的冒险精神以及对新奇时装的判断能力，仅仅满足于选择已经流行的样式。

　　在徐玲、赵伟的《中国大中城市中高档青年女装消费研究》一文中，对上海、北京、成都和沈阳四城市的调查分析可知，绝大多数的青年女性喜欢采用"当令季节当令购买"的方式。由此可看，服装的流行和时尚是影响服装消费行为的一个重要的因素，随着人们生活水平的不断提高，追求服装的流行和时尚不仅是青年一代的"专利"，也将是中老年服饰的一种趋势。

　　（2）服装的设计与生产

　　服装的设计与生产的过程以及其最终的产品优劣同样是影响服装消费行为的重要因素之一。服装的设计和生产具体表现在服装上的是服装的款式和结构、服装工艺、服装色彩、服装面料和辅料，间接的表现在服装适体性、服装的应季性、服装舒适性、服装功能性和服装美观性上（图 10－6）。

　　在徐玲、赵伟的《中国大中城市中高档青年女装消费研究》一文中对消费者的调查得知："款式因直接与服装的流行程度、个人风格品味相联系，因而是

图 10-6 服装款式

受访者最关注的因素,另外该阶层女性不仅追求服装的外观,也讲求内在品质,因而做工也成为受访者较为关注的因素,服装色彩是受访者关注的第三大重要因素。"

在成爱武等人的《城市居民服装消费心理分析》中提到:"需求的个性化必然导致需求的多样化……消费者对于服装类型表现出的需求多样化尤为突出,无论是休闲装、牛仔服,还是职业装和西装,甚至便装,消费者都表现出喜欢和接受的态度……穿着舒适和自然成为时尚。"

总之,随着人们生活水准的提高,人际之间的交流和休闲活动增多,服饰文化日益深入人心,人们对服装的功能、服装的美观和舒适的追求也日益增高,因而服装设计和生产的诸因素也是影响服装消费行为的主要因素,不能不引起重视。

(3)服装的营销

与服装营销有关的服装的价格、购物环境、购物地点和购物的方便程度、传媒与广告、服装品牌和营销策略等因素均影响服装消费行为。

服装的购物环境就是服装零售的氛围。它是由内部布置、装潢、背景音乐、服务人员及商品的陈列等要素组成。它通过消费者的感官的感知,直接影响到消费者的消费决策,舒适的购物环境可激发消费者潜在的购买欲望和增加购物后的满足感。橱窗是服装零售商店的面孔,能反映一个时装店的特色和文化品位。背景音乐可影响人们购物的情绪和行为,在一个环境优雅的商店里播放格调高雅的轻音乐,往往使人与高档时装相联系,而节奏轻快活泼的音乐与运动和休闲装相协调。服装购物店的功能性设施,如空调、试衣室和镜、商店的通道、装潢和内部布置,以及音乐都是增加现代感和流行时尚元素的重要环节。

购物环境还包括服务员的形象和语言,因为服装的交易是通过一定的人际交流而实现的,服务员的形象及素质对购买的决策影响很大,理想的服务员不仅应有服饰美和服装保养的知识,还应懂得服装消费者的心理。

服装的价格也是影响服装消费行为的重要因素。服装价位的确定要与服装的目标市场相一致,不同的消费者所处的阶层不同,其收入和消费取向也不同,购买服装的价格定位和承受能力也不同。如普通工薪阶层的人们常常是在促销活动或换季时去购买名牌"打折"服装。

购物地点和购物的方便也是影响服装消费行为的因素之一。现代人的工作节奏加快,又喜欢在休假日、休闲地生活和购物,这样购物地点的集中和购物方便以及在购物中享受休闲和乐趣是人们追求的目的。在对上海、北京、成都和沈阳等大城市青年女性调查中发现,大型百货商店、购物中心和品牌专卖店是其购买服装的主要场所。

服装是一种象征,不仅表达人们对服饰美的追求和认识,也反映穿者的社会地位、文化、教育水平、社会角色、生活方式、价值观和个性,服装的品牌则将上述理念进一步人格化和形象化,服装品牌给穿着者一种归属,带来自信与满足,同时也通过服装品牌来判断服装的价值和身份,体现自尊和社会地位。可见,一个好的服装品牌不仅有利于服装的消费,甚至可以提高服装产品附加值。

广告和媒体宣传是服装营销活动和促销的手段,名人和各类演员的服装效应也不可忽视。刘国联《大学生的生活方式、服装态度与购买行为研究》表明,不同类型的大学生对服装情报的利用是不同的,现代社交型和积极进取型大学生对报纸杂志、商店或橱窗展示、他人服装观察、电视和广播的时装广告以及服装评论都很重视,并积极变为行动。服装企业也利用名人作品牌的代言人进行促销活动。

3. 服装消费倾向的实例分析

(1) 不同学历家庭消费者的服装消费行为

服装一直被看作是人类最基本的需要之一,以家庭为单位对其服装消费行为的研究尚不多见,沈蕾在《不同学历家庭服装消费行为的定量研究》一文中作了较为详细的研究。

① 划分家庭类型的标准:妻子是家庭服装消费的主要决策者,因而把妻子的学历高低作为划分不同文化层次的主要依据。妻子受过大专以上教育者为高学历家庭;只受过初中以下教育者为低学历家庭;其他为中等学历家庭。

② 不同学历家庭服装消费行为。(a)不同学历家庭影响家庭及成员服装开支的因素不同。高学历家庭主要受家庭居住面积和丈夫收入的影响;中等学历家庭主要受妻子职业的影响;低学历家庭则主要受丈夫收入的制约。(b) 不同学历家庭其服装总开支及其成员服装消费总支出不同,学历越高服装开支越大,高学历和低学历家庭其丈夫服装支出最高,中等学历家庭妻子服装支出为最多。(c)不同学历家庭其服装消费结构不同,高学历家庭以套装和裤裙的消费支出为最多;中等学历家庭以外套和便装的消费为显著特征;低学历家庭则以面料和毛衣消费为主。(d)不同学历家庭各类服装实际购买价格不同,高学历家庭在购买套装、裤裙、恤衫、鞋类和内衣时愿意支付比其他家庭更高的价格,而其他学历家庭的服装实际购买价格则无根本差别。(e)不同学历家庭其服装购买地点的选择有所不同。虽然百货店是各类家庭首选的购买场所,但相对而言,高学历家庭尤爱百货店,中等学历家庭更爱合资百货店,低学历家庭则偏爱个体私营店。

(2) 城市居民服装消费行为

随着改革开放的不断深入,人们的收入水平的提高,国内消费者的服装需求和消费观念正在发生变化,服装消费心理也出现了新的特点。成爱武等撰文《城市居民服装消费心理分析》和徐玲等论文《中国大城市中高档青年女装消费研究》分析了当前城市居民服装消费行为,对服装企业和其经营者提供了决策参考。

① 城市居民服装消费心理特点。(a)服装消费心理趋于成熟,服装消费心理从被动模仿和盲目赶潮流的幼稚消费心理发展到突出个性化倾向的成熟阶段,通过服装表现自我、衬托本身气质的自主意识则明显增强了。(b)消费者对于服装类型表现出的需求多样化尤为突出,无论是牛仔服、休闲服,还是职业装和西装,甚至便装、运动服,消费者都表现出喜欢和接受的态度。(c)穿着舒适和自然成为时尚,城市居民在穿着上,更注重享受和保健功能。(d)相关群体对服装消费影响大。随着人们的社交活动增多,着装的社会效益日益受到重视,消费者渴望通过着装加强自己在相关群体中的地位,同时也使自己从中获得被群体认同的心理满足感。

② 城市各年龄段的服装消费行为。(a)青年人着装个性化突出;青年消费者群体还表现出受相关群体影响大及模仿心理强的特点;城市青年喜欢休闲装;城市中高收入的青年消费动机的类型一般为"冲动型",基本上是应季购买服装,购买服装的地点多选择在百货店、购物中心和品牌专卖店,对名牌服装的"打折"促销感兴趣。(b)中年人讲究服装搭配,崇尚职业装;漂亮时髦也是中年群体服装消费的追求目标之一;中年群体在服装消费中重视体现自身价值和服装社会效应,对服装价格不十分敏感。(c)老年人中、高档服装消费量大;在服装消费中理性较强;注重服装款式的大方、合体和面料的舒适优质。

③ 收入对消费心理的影响。(a)高收入消费者着装自主性强,崇尚名牌,喜欢休闲。(b)中等收入消费者在着装方面强调突出个性化,有模仿别人着装的倾向,注重服装外观漂亮,喜欢休闲装和职业装。(c)低收入消费者比较注重服装价格,也讲究服装本身是否漂亮,服装消费中模仿心理较强,对牛仔服的需求也较中高层收入者高。

④ 服装购买行为表现。(a)重视购物场所,对购物场所的选择表示人们越来越重视服装质量与服装销售场所优劣的关系,重视服装购买行为过程的舒适环境和他人对自己服装选择的意见。(b)中低档服装的需求量大,这说明城市消费者的服装仍处于中低档水平,对于高档服装也有一定需求量,但主要集中在高收入层。随着近年经济的不断增长,一部分消费者的收入提高较快,服装消费也趋于高档化。

(3) 大学生服装消费倾向分析

在刘国联等《大学生的生活方式、服装态度与购买行为研究》《辽宁地区大学生服饰观与消费行为研究》《大学生对牛仔装的喜好与购买后满意程度的研究》等论文中,对现代大学生,这个当今和未来20年中最活跃的服装消费群体消费倾向进行了分析,为服装企业的市场开发战略提供了参考。

① 大学生的生活方式类型和特点。大学生的生活方式由消费性、自信感、成功观、成就感、社交性、时尚性、个性和保守型共8个因素组成,以此为基础细分为现代社交型、消极停滞型、积极进取型和传统保守型四种类型。

现代社交型学生人数最少,传统保守型人数最多。现代大学生经济不独立,生活阅历有限,有一定的文化修养和着装品味,生活充实,同时人人爱美也想美。

② 大学生服装态度。对性魅力最重视(图 10-5),其次是心理依存性和夸示性,对协调性和流行先导力不大重视。现代社交型大学生比较重视服装的夸示性、流行先导力、心理依存性和性魅力,不重视协调性;消极停滞型大学生重视协调性,而不在乎夸示性、流行先导性、心理依存性和性魅力;积极进取型大学生则对服装态度的各个因素都很重视,而传统保守型大学生却对服装态度的所有因素都不重视。

③ 大学生服装消费行为。大学生在买服装时,常常乐于接受朋友和家人的劝告、乐于观察他人的着装,对报纸杂志上的时装广告和评论不大在意,经常喜欢去一般零售商店和百货商店买服装,而不大去定做店和集市地摊买服装。现代社交型和积极进取型大学生乐于利用报纸杂志的时装广告、商店或橱窗的展示、观察他人的服装和电视言行中的时装等间接的情报源,喜欢去专卖店和百货商店买衣服;消极停滞型大学生比较喜欢电视广播的时装广告;传统保守型大学生则利用商店或橱窗的展示、朋友和家人的劝告以及对他人服装的观察等直接性的情报源,喜欢去百货商店和一般零售商店买衣服。

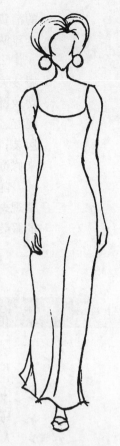

图 10-7 体现性魅力的服装

④ 大学生对牛仔装的消费行为。大学生对牛仔装最重视的是款式,其次是色彩、价格、质地和流行性,品牌和舒适性则最次之。对购买后开始穿着使用的牛仔装期望值最大的是与自己现有的服装能够搭配协调。价格比较合理,在他们能接受的价格范围内,选择质地好、流行的面料和合体款式,并能在多种场合穿着,能提高自己的自我形象。

(4)中老年服装消费行为分析

中老年是社会的一个重要组成部分,尤其是我国在 21 世纪将步入老龄化社会,中老年服装是我国服装市场的一个重要领域。近年来我国研究中老年服装消费行为和消费心理的论文很多。

① 服装购买行为:选择大商场和离家庭路途较近的商店,商场的购物环境好,服务热情并有导购的服务生,有休息的地方。也愿意去服装品牌的专卖店和连锁店;喜欢反复挑选,最好可允许退换;在选购服装时喜欢陪伴或与老伴、老朋友一起上街,可互相参考;对服装广告宣传反映一般,靠积累的经验,多理智地选购服装;但由于经常看电视和听广播,则受电视和电台的影响大;中老年在购买服装上比较舍得花钱,但购买服装的观念比较传统,认为没必要买太贵、太多的衣服,但也有一部分中老年人持有时尚享用

的消费观念，注重名牌和购置展示自己年轻和富贵的身份的服装，他们是中老年队伍中的时尚派。

②服装消费心理和行为：大部分中老年人属于理智务实型消费群体，对服装关心程度不如青年人强烈，服装流行趋势对中老年人影响小；重视服装的功效、休闲、实用、方便、安全、舒适和色彩，尤其是服装的款式；服装面料质地要好、透气凉爽吸汗柔软；服装做工要讲究，裁剪合体，喜欢保存和整理方便的服装；希望服装着装后看上去能比自己实际年龄年轻，更迫切的需要通过服装来修饰自己，弥补身体方面的不足而增添活力。

随着我国对外改革开放和经济建设发展，人民生活水平的提高，中老年消费观念的改变，知识层次和收入水平的提高以及社会保障体系的完善，中老年的服装态度和消费行为也会发生更大变化。

思 考 题

➢ 什么是需要？人的需要分哪几类？
➢ 马斯洛的需要层次论把人的需要分为哪些层次？
➢ 人们的服装消费需要具有哪些特征？
➢ 什么是动机？人的动机有哪些特征？如何分类？
➢ 服装消费者的购买动机有哪些？
➢ 服装消费者可以分为哪些类型？
➢ 影响服装消费行为的因素有哪些？
➢ 社会阶层有哪些特点？
➢ 不同收入的各社会阶层有何特征？
➢ 论述不同社会阶层的服装消费特征。

参考文献

1. 赵平,吕逸华. 服装心理学概论[M]. 北京:中国纺织出版社,2002
2. 苗莉,王文革. 服装心理学[M]. 北京:中国纺织出版社,1997
3. Susan B. kaiser. 服装社会心理学[M]. 李宏伟,译. 北京:中国纺织出版社,2000
4. 周晓虹,等. 现代社会心理学[M]. 上海:上海人民出版社,1997
5. 黄辛隐,等. 公共关系心理学[M]. 苏州:苏州大学出版社,1996
6. 李长萍. 现代社交心理学[M]. 北京:科学出版社,1998
7. 时蓉华. 社会心理学[M]. 上海:上海人民出版社,1986
8. 沙莲香. 社会心理学[M]. 北京:中国人民大学出版社,1987
9. 张春兴. 现代心理学[M]. 上海:上海人民出版社,1994
10. 壮春雨. 形象与言谈[M]. 北京:中国广播电视出版社,2002
11. 马广海. 应用社会心理学[M]. 济南:山东人民出版社,1992
12. 孔令智,等. 社会心理学新编[M]. 沈阳:辽宁人民出版社,1987
13. 高玉祥,等. 人际交往心理学[M]. 北京:中国社会科学出版社,1990
14. 任宗崇. 商业心理学[M]. 北京:光明日报出版社,1989
15. 蓝太富,黄世礼. 通俗消费心理学[M]. 北京:轻工业出版社,1988
16. 张志光,等. 社会心理学[M]. 北京:人民教育出版社,1996
17. 王霄兵,等. 服饰与文化[M]. 北京:中国商业出版社,1992
18. 王继平. 服饰文化学[M]. 武汉:华中理工大学出版社,1998
19. (美)弗龙格. 穿着的艺术[M]. 陈孝犬,译. 南宁:广西人民出版社,1989
20. (美)玛里琳·霍恩. 服饰:人的第二皮肤[M]. 乐竟泓,等译. 上海:上海人民出版社,1991
21. 陈少华. 服饰演变的趋势[M]. 台湾艺风堂出版社,1990
22. 叶立诚. 服饰美学[M]. 北京:中国纺织出版社,2001

23. 贾京生.服装色彩设计学[M].北京：高等教育出版社,1993

24. 杨以雄,顾庆良.服装市场营销[M].上海：中国纺织大学出版社,1998

25. 尹庆民,等.服装市场营销[M].北京：高等教育出版社,2003

26. 李当歧.服装学概论[M].北京：高等教育出版社,1999

27. In-ja Lee.衣裳心理[M].韩国汉城：教文社,2001

28. Mary Shaw Ryan 〈Clothing _A Study In Human Behavior〉USA：Holt，Rinehart and Winston，Inc. 1965

29. 姜蕙远.衣裳社会心理学[M].韩国汉城：教文社,1995

30. 李飞跃.影响服装购买决策的三大因素[J].苏州丝绸工学院学报,1999(6)

31. 成爱武,等.城市居民服装消费心理分析[J].西北纺织工学院学报,1998(4)

32. 刘国联.大学生的生活方式、服装态度与购买行为研究[J].苏州大学学报：工科版,2002(3)

33. 王国桓.中老年服装的消费需求特征[J].武汉纺织工学院学报,1997(4)

34. 田伟.从着装心理看中老年服装市场的发展潜力[J].西北纺织工学院学报,2000(1)

35. 吕进.女性服装消费结构极其影响因素[J].山东纺织科技,1999(2)

36. 徐玲,等.中国大中城市中高档青年女装消费研究[J].西安工程科技学院学报,2002(1)

37. 蒋晓文.国内中老年服装发展的若干问题及其对策[J].西北纺织工学院学报,1999(1)

38. 应斌.老年消费行为分析及营销对策[J].市场与消费,1999(12)

39. 刘国联.辽宁省老年人消费观念与服装态度分析[J].东华大学学报：自然科学版,2002(6)

40. 王建敏,等.西安市人口老龄化对老年消费市场的影响与对策[J].西北纺织工学院学报,2001(3)

41. 沈蕾.不同学历家庭服装消费行为的定量研究[J].消费经济,1997(5)

42. 刘国联等.辽宁地区大学生服饰观与消费行为研究[J].东华大学学报：社会科学版,2003(3)

43. 沈蕾,张庆.浦东居民的阶层意识[J].社会 2003.8：55～57

44. 记者亲历：精神病院一日 四川新闻网 http：//www.cnmaya.com 10 月 08 日 23：39

45. 王庭瑞.精神病治疗总体分析报告.康复网

46. 李银子,等.衣裳心理[M].韩国教文社出版,2001

47. 记者亲历：精神病院一日四川新闻网 http://www.cnmaya.com 10 月 08 日 23：39

48. 王庭瑞. 精神病治疗总体分析报告. 康复网

49. 陆学艺. 当代中国社会阶层研究报告[M]. 社会科学文献出版社,2002

50. 杨继绳. 中国当代社会阶层分析(最新修订本)[M]. 江西教育出版社, 2011

51. 梁晓声. 中国社会各阶层分析[M]. 文化艺术出版社,2011

52. 李丽. 对白领阶层职场着装时尚需求研究[D]. 西南大学硕士论文,2011